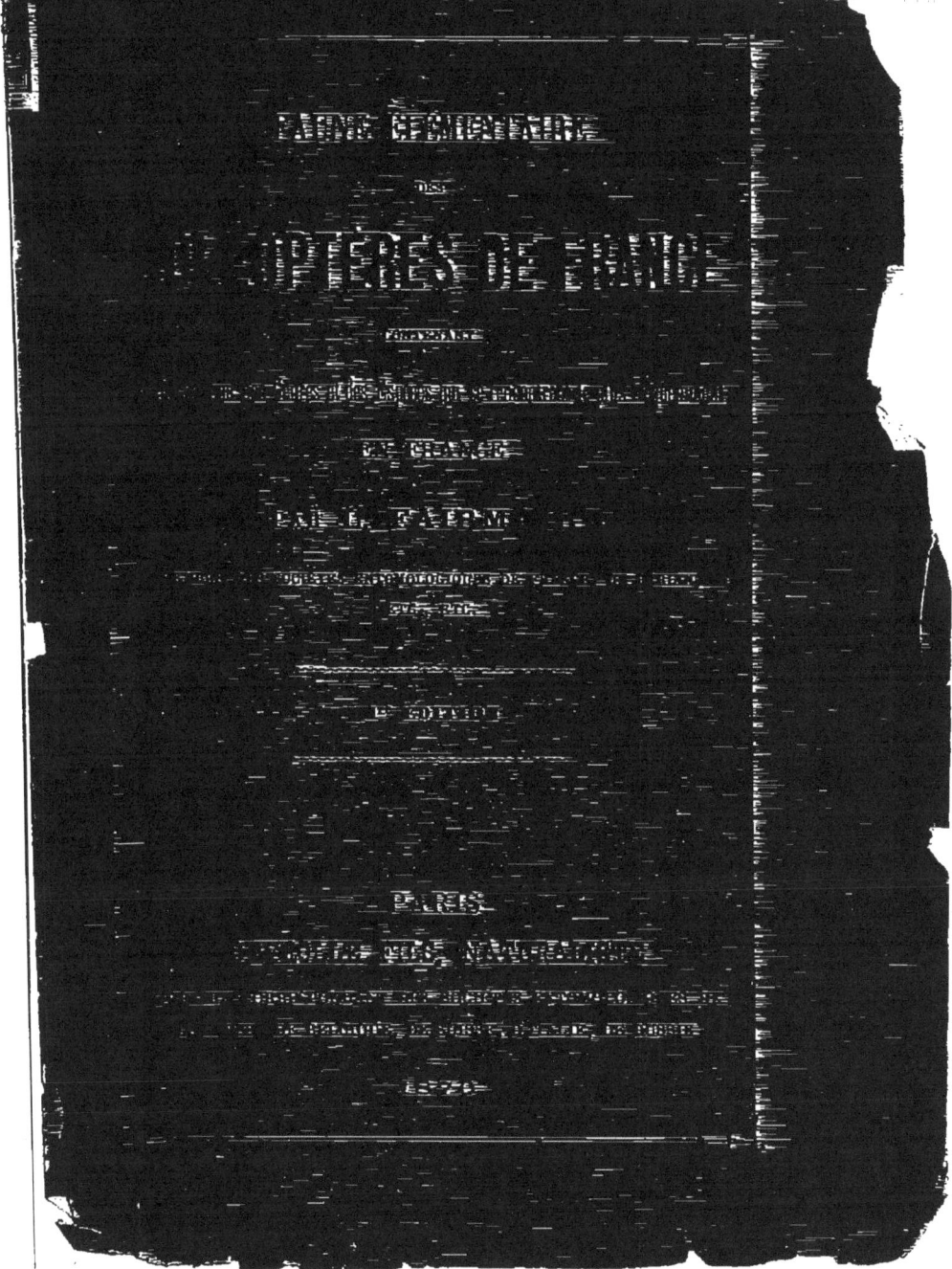

FAUNE ÉLÉMENTAIRE

DES

COLÉOPTÈRES DE FRANCE

DE FRANCE

PAR E. BARTHE

2ᵉ ÉDITION

PARIS

LIBRAIRIE DES NATURALISTES

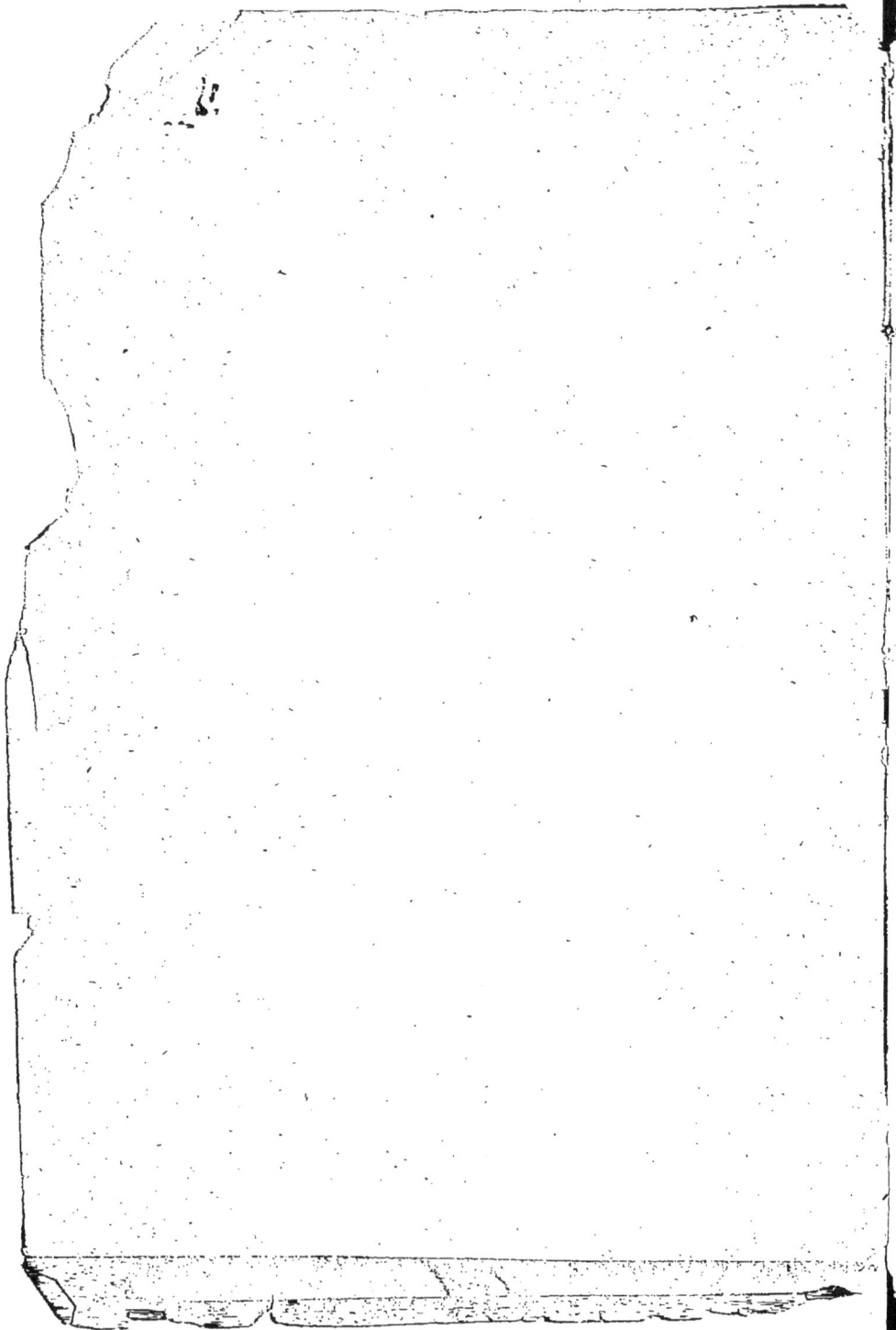

FAUNE ÉLÉMENTAIRE

DES

COLÉOPTÈRES DE FRANCE

CONTENANT

la description des Genres et des Espèces qui se rencontrent le plus fréquemment

EN FRANCE

PAR L. FAIRMAIRE

MEMBRE DES SOCIÉTÉS ENTOMOLOGIQUES DE FRANCE, DE BERLIN,
ETC., ETC.

1re ÉDITION

PARIS

DEYROLLE FILS, NATURALISTE

LIBRAIRE-CORRESPONDANT DES SOCIÉTÉS ENTOMOLOGIQUES DE
LONDRES, DE BELGIQUE, DE SUISSE, D'ITALIE, DE RUSSIE

1870

AVANT-PROPOS

L'étude des coléoptères de France est certainement aussi instructive qu'attrayante ; mais on comprend facilement qu'un débutant en entomologie se trouve embarrassé pour se reconnaître au milieu des nombreux ouvrages publiés sur cette branche de l'histoire naturelle. En se bornant même aux espèces de notre pays, que l'on peut évaluer à près de 10,000, une Faune complète présente déjà un champ trop vaste pour les jeunes étudiants auxquels nous voudrions faciliter les premiers pas dans la carrière entomologique.

Il nous a donc paru utile de résumer rapidement la description des coléoptères les plus communs de notre pays, ceux que l'on peut rencontrer le plus facilement, non seulement aux environs de Paris, mais dans toute la France ; au lieu de 10,000 espèces, cet opuscule ne présentera que la description de 12 à 1,300, et il sera moins difficile aux commençants d'acquérir une idée exacte de l'ensemble des coléoptères français en se bornant, pour leur début, à reconnaître ceux qu'ils peuvent trouver le plus habituellement dans leurs courses. De cette manière, l'attention se concentrera sur un petit nombre de types qui resteront dans la mémoire et serviront de point de départ pour étudier ensuite dans des ouvrages plus détaillés. Il est certain que la nécessité de réunir des volumes trop nombreux et la fatigue qui résulte, pour un débutant, des longues recherches entraînées par la difficulté de se reconnaître au milieu de plusieurs milliers de descriptions souvent trop savantes, ont dû détourner et dégoûter plus d'un jeune entomologiste. Espérons que l'espèce d'*epitome* que nous leur offrons aujourd'hui leur servira de guide et leur facilitera, en les simplifiant, les abords d'une étude qui finit par passionner ceux qui s'y livrent avec ardeur.

Comme toutes les sciences, l'entomologie a un langage spécial qui présente aussi quelques obstacles quand on n'est pas familiarisé avec lui. Déjà le guide de l'amateur d'insectes donne, avec les planches, l'explication de presque tous les termes d'anatomie coléoptérique qu'il est indispensable de connaître. Nous allons tâcher de compléter dans la liste ci-après la nomenclature des mots qui se présentent le plus souvent dans les descriptions.

Aciculaire, en forme de pointe très-fine comme celle d'une aiguille; c'est ce qu'on dit parfois du dernier article des palpes.

Acuminé, terminé en pointe.

Angle sutural, angle formé par la suture et l'extrémité de l'élytre.

Calus huméral, saillie plus ou moins marquée, formée par l'épaule des élytres.

Cavités cotyloïdes, cavités situées de chaque côté de la poitrine et dans lesquelles s'articulent les hanches des pattes ; leur degré d'ouverture sert à caractériser divers groupes de Cérambycides.

Claviforme, renflé à l'extrémité comme une massue.

Confluent, se dit des taches ou des points qui se touchent et finissent par se confondre au moins partiellement.

Cordiforme, en forme de cœur, mais en remarquant que la pointe de ce cœur est généralement tronquée.

Déclive, pente plus ou moins rapide qui termine les élytres et forme souvent leurs bords latéraux, ainsi que ceux du corselet.

Divariqué, Divergent, se dit de deux pointes, comme les extrémités de deux élytres qui, contiguës à leur base, s'écartent ensuite obliquement.

Fovéolé, qui présente des fossettes.

Fungicole, qui habite les champignons.

Funicule, tige formée par plusieurs articles des antennes chez les Curculionides, s'articulant sur le scape et se terminant par une massue.

Fusiforme, en forme de fuseau, se dit des antennes qui sont un peu épaissies au milieu et amincies à la base, ainsi qu'à l'extrémité.

Géminé, se dit d'une strie, d'une impression ou d'une tache double.

Glabre, lisse, dépourvu de poils.

Hétéromères, insectes dont les 4 tarses antérieurs sont composés de 5 articles, tandis que les 2 tarses postérieurs n'en ont que 4.

Impression, nom que l'on donne aux enfoncements ou dépressions assez larges, peu profonds, à bords adoucis.

Inerme, voir **Mutique.**

Lobe, nom donné à tout prolongement assez court, assez large, généralement arrondi, mais pourtant de forme très-variable.

Lunule, tache en forme de croissant.

Moniliforme, en forme de collier, comme beaucoup d'antennes composées d'articles presque arrondis ou comme les rangées de grains que l'on voit sur les élytres de plusieurs Carabes.

Mutique, dépourvu de pointe ou d'épine.

Obsolète, se dit des points, des granulations, des stries presque effacées.

Pentamères, tarses composés de 5 articles.

Phytophage, qui se nourrit de végétaux.

Pubescence, espèce de duvet formé par des poils excessivement fins, qui cache parfois complétement la couleur du fond du corps et qui s'enlève souvent très-facilement.

Pygidium, dernier segment supérieur de l'abdomen, souvent apparent et perpendiculaire, comme chez les hannetons.

Réniforme, en forme de rein ou de fève.

Scape, 1er article des antennes des Curculionides beaucoup plus grand que les autres.

Scrobe, sillon qui existe de chaque côté du rostre des Curculionides et dans lequel se loge le scape.

Sécuriforme, en forme de hache ou de triangle renversé.

Serriforme, en forme de lame de scie, comme les antennes des Buprestides.

Sétacé, en forme de soie, se dit des antennes diminuant graduellement, mais très-légèrement, de la base à l'extrémité.

Sub, se place au devant d'un mot qualificatif comme diminutif; par exemple, subcylindrique, qui est presque cylindrique.

Subulé, en forme d'alène, se dit du dernier article des palpes, parfois très-petit et pointu.

Testacé, couleur roussâtre, ressemblant à celle de la terre cuite.

Tétramères, tarses composés de 4 articles.

Trimères, tarses composés de 3 articles.

Xylophage, qui dévore le bois.

Les coléoptères sont des insectes à 4 ailes, mais dont les 2 supérieures, appelées élytres, sont cornées et, comme des étuis, recouvrent les ailes inférieures membraneuses qui seules sont propres au vol et qui, au repos, sont pliées transversalement ; ils ont une bouche destinée à la mastication, pourvue de 2 mandibules, de 2 mâchoires munies de palpes. Ils se distinguent des orthoptères en ce qu'ils ont des métamorphoses complètes, c'est-à-dire qu'au sortir de l'œuf ils ont la forme d'une larve ou ver, et qu'avant d'arriver à l'état d'insecte parfait, ils passent par l'état intermédiaire de nymphe, analogue à la chrysalide des papillons. Les orthoptères, au contraire, naissent avec la forme qu'ils doivent toujours conserver, sauf les ailes ; en outre, les ailes inférieures sont plissées longitudinalement, tandis que les supérieures sont rarement cornées et se croisent souvent à l'extrémité ; au contraire, la suture des élytres est droite chez les coléoptères, à de très-rares exceptions près.

FAMILLE DES CICINDÉLIDES.

Un seul genre représente, en Europe, cette famille, qui ne diffère de la suivante que par l'insertion des antennes sur la face de la tête, par la présence d'un petit crochet articulé à l'extrémité des mâchoires. Ces insectes ont 6 palpes, 5 articles aux tarses et vivent dans les endroits sablonneux, découverts, sur les plages, plus rarement dans les clairières arides et les chemins au milieu des bois. Leur forme est élégante; la tête, avec ses gros yeux, déborde le corselet qui est plus étroit que les élytres; les pattes sont longues et grêles; les mandibules sont grandes, en forme de faucilles, aiguës et dentelées, et pincent bien les doigts. Ils exhalent, quand on les saisit, une odeur pénétrante assez agréable. Leur coloration est d'un vert tantôt mat, tantôt un peu bronzé ou même cuivreux, avec des bandes angulées ou des points d'un blanc parfois jaunâtre.

Cicindela *campestris*, 12 à 15 mill., d'un vert pré mat en dessus, d'un rouge cuivreux, brillant en dessous, ainsi que sur les côtés du corselet et les premiers articles des antennes; abdomen bleuâtre au milieu; élytres assez plates, ayant sur chacune 6 points blancs, celui du milieu accompagné d'une petite teinte noirâtre; commune partout, surtout au printemps et à

l'automne. *C. hybrida*, 12 à 17 mill., plus convexe,
d'un bronzé brunâtre plus rarement verdâtre et parfois
presque noir, dessous et tarses bleuâtres; pattes, suture,
écusson et côtes de l'abdomen cuivreux; sur chaque
élytre, une large bande médiane, angulée, s'élargissant sur le bord, une tache en lunule à l'épaule, une
autre à l'extrémité, d'un blanc jaunâtre; dans les bois,
au bord des eaux, de la mer, très-commune. On trouve
dans les Alpes une espèce très-voisine, *C. sylvicola*,
mais plus grande, plus allongée, plus robuste, à tête
plus grosse, à corselet rétréci en arrière, à élytres plus
convexes, plus parallèles, non dentelées.

C. sylvatica, 15 à 18 mill., un peu allongée, convexe, d'un brun bronzé, velouté en dessus, d'un noir
bleuâtre en dessous, avec les côtés violacés; labre noir
(il est blanc chez les précédentes); élytres très-inégales,
rugueuses, une lunule humérale, une bande médiane
ondulée et un point blanc sur chacune; dans les bois
très-sablonneux, pendant l'été. *C. littoralis*, 12 à 15
mill., assez allongée, d'un brun rougeâtre ou verdâtre,
avec la suture cuivreuse, élytres ayant une lunule humérale blanche, une autre apicale, et entre les deux,
4 points blancs sur 2 lignes un peu obliques; bords de
la mer, très-commune. *C. germanica*, 9 à 12 mill.,
allongée, cylindrique, d'un vert soyeux, passant au
bleu et au noirâtre, presque mat; dessous verdâtre et
brillant; élytres ayant un point huméral, une tache
latérale et un point apical, d'un blanc jaunâtre; dans
les champs, les prés, etc.

FAMILLE DES CARABIDES.

Ces insectes se reconnaissent à leurs antennes filiformes, assez grêles, insérées latéralement, leurs palpes
au nombre de six, leurs mandibules assez longues et
tranchantes, peu dentées, leurs pattes allongées, à
trochanters bien développés et à tarses de cinq articles, les antérieurs souvent élargis chez les mâles.
Aussi carnassiers que les Cicindélides, ils sont un peu
moins agiles et surtout s'envolent assez rarement; beaucoup sont privés d'ailes et ne quittent que la nuit, soit
les pierres, soit les fissures du sol, soit les feuilles
mortes qui leur servent d'abri. Certains groupes vivent
exclusivement au bord des eaux, dans les marécages;
quelques espèces même habitent sous les eaux de
la mer.

Ire. DIVISION. — *Jambes antérieures entières,*
non échancrées (Carabiens).

A. Epines terminales des jambes antérieures insérées
l'une à l'extrémité, l'autre un peu avant.

Ce groupe renferme des insectes vivant soit au bord
des eaux, sous les pierres, enterrés dans le sable, soit
sous les feuilles sèches, dans les endroits même arides;
tous ont une grosse tête. Les **Elaphrus** rappellent les

Cicindèles par leur forme et par leur tête libre, aussi large ou plus large que le corselet, à yeux globuleux, très-saillants, le corselet plus étroit que les élytres; tout le corps est couvert de fossettes avec des intervalles relevés et polis par places. *E. cupreus*, 7 à 9 mill., d'un brun bronzé foncé en dessus, d'un vert bronzé en dessous, corselet à 4 fossettes, élytres ayant chacune 4 séries de fossettes violettes, dont le fond est très-fortement ponctué, et très-rebordées; dans les marais, les fossés humides. *E. riparius*, 6 à 7 mill., plus petit, en dessus d'un vert bronzé, en dessous d'un vert un peu cuivreux; corselet sillonné au milieu, n'ayant que des fossettes peu distinctes, celles des élytres bordées de vert, ayant au milieu un petit point élevé et luisant; une plaque miroitante le long de la suture; très-commun au bord des rivières.

Les **Notiophilus** ont, au contraire, le corps déprimé, la tête énorme, mais enchâssée dans le corselet, fortement striée, les yeux peu saillants, assez petits, le corselet en trapèze renversé, presque aussi large que les élytres; celles-ci unies, striées sur les côtés, avec une grande plaque lisse, miroitante, occupant tout le dos des élytres; on les trouve ordinairement dans les endroits humides, sous les feuilles; mais une espèce préfère les terrains sablonneux et secs; il sont extrêmement agiles et difficiles à saisir. *N. semipunctatus*, 5 mill., d'un bronzé brillant en dessus, d'un vert bronzé en dessous; une tache d'un jaunâtre pâle à l'extrémité des élytres, base des antennes et jambes testacées; stries des élytres très-ponctuées; commun partout.

Les **Omophron** ont le corps en ovale très-court,

presque arrondi, convexe; la tête est enchâssée dans le corselet qui est trapézoïdal et s'applique étroitement contre les élytres; l'écusson n'est pas visible, les pattes sont longues et grêles, et le prosternum recouvre le mésosternum. L'*O. limbatum*, 5 à 7 mill., est entièrement d'un jaunâtre pâle avec une tache sur la tête et le corselet, et des fascies transversales, irrégulières sur les élytres, d'un beau vert métallique; vit enterré dans le sable, au bord des eaux courantes; il faut piétiner longtemps le sol pour le faire sortir, et alors il court très-rapidement.

B. Epines terminales des jambes situées toutes deux à l'extrémité.

a. Labre entier; élytres non soudées, n'embrassant pas les côtés de l'abdomen.

Les **Nebria** ont le corps peu convexe, le corselet court, plus ou moins cordiforme, les mandibules non dilatées en dehors à la base, les pattes longues, ayant les 3 premiers articles des tarses antérieurs élargis chez les mâles; ce sont des insectes très-agiles, plus communs dans les montagnes et se trouvant presque toujours au bord des eaux, sous les pierres, les détritus végétaux, etc. *N. brevicollis*, 11 à 13 mill., d'un noir luisant, antennes, palpes, jambes et tarses fauves; corselet très-court, très-large, mais rétréci en arrière, ponctué sur les bords, élytres parallèles, à stries profondes, très-fortement ponctuées; commune partout, sous les pierres, sous les amas de végétaux décomposés, etc. *N. picicornis*, 15 à 16 milli, d'un brun noir luisant, tête et extrémité de l'abdomen rougeâtres, pattes, antennes et

palpes d'un jaunâtre clair ; corselet fortement rétréci
à la base; élytres parallèles, fortement striées-ponctuées ;
commune dans les montagnes, au bord des torrents,
sous les pierres mouillées. *N. complanata*, 17 à
19 mill., d'un blanc jaunâtre, devenant plus foncé après
la mort de l'insecte ; avec des linéoles parfois confluentes sur les élytres; corps peu convexe, tête grosse,
corselet court, stries des élytres peu profondes; au bord
de la mer, sous les pierres et les débris; midi de la
France, ne dépasse guère l'embouchure de la Loire.

Les **Leistus** diffèrent surtout des *Nebria* par les
mandibules fortement dilatées en dehors ; leur tête est
grande, arrondie, rétrécie à la base, avec les yeux
saillants et les palpes assez longs, à dernier article un
peu élargi; le corselet est très-rétréci en arrière et les
élytres sont fortement striées-ponctuées. Les uns sont
d'un bleu d'acier en dessus : *L. spinibarbis*, 8 à 9 mill.,
d'un beau bleu, cuisses brunes, bouche, antennes
et reste des pattes fauves; corselet relevé sur les bords;
commun dans les endroits frais, sous les pierres, les
feuilles mortes. *L. fulvibarbis*, 8 mill., moins bleu, un
peu brunâtre, bouche, antennes et pattes fauves ; moins
commun. D'autres sont entièrement rougeâtres, avec
les élytres plus étroites, atténuées en avant : *L. ferrugineus*, 7 1/2 mill., antennes, pattes et abdomen plus
pâles, corselet très-cordiforme; assez commun au bord
des marais. *L. rufescens*, 7 mill., même forme et
même coloration, mais avec la tête et l'extrémité des
élytres noirâtres ; corselet moins relevé sur les bords;
se trouve surtout dans le nord de la France.

b. Labre bilobé ou trilobé; tarses antérieurs élargis chez les mâles; élytres n'embrassant pas l'abdomen.

Les **Calosoma**, aux élytres presque carrées, au corselet court, fortement arrondi sur les côtés, sont de beaux et grands insectes très-carnassiers que l'on trouve surtout sur les chênes, où ils font la chasse aux chenilles. *C. sycophanta*, 24 à 30 mill., noir, avec la tête et le corselet d'un noir bleuâtre et les élytres d'un rouge cuivreux brillant, passant au vert sur les côtés; stries ponctuées, intervalles finement ridés. *C. inquisitor*, 18 à 20 mill., d'un bronzé brillant, foncé, passant quelquefois au bleuâtre; corselet plus ridé en travers; élytres plus courtes, plus ridées et plus ponctuées; tous deux sur les chênes: *C. auropunctatum*, 30 mill., d'un noir foncé, peu brillant, avec des points dorés sur les élytres qui sont plus allongées; vit à terre; nocturne, rare partout.

Les **Carabus** présentent presque tous les caractères des *Calosoma*, mais leurs élytres ne sont pas carrées aux épaules, leur forme est plus allongée, ovalaire ou elliptique; elles ne recouvrent pas d'ailes; leur corselet est un peu arrondi sur les côtés, à peine rétréci en arrière, avec les angles postérieurs plus ou moins saillants; les antennes sont filiformes; le dernier article des palpes maxillaires est élargi en triangle. Ce sont des insectes d'une grande taille, presque toujours de couleurs éclatantes, bronzés, cuivreux ou dorés, parfois noirs ou d'un vert foncé; ils sont surtout crépusculaires et se cachent pendant le jour sous les pierres, les mousses, etc. Ce sont d'utiles auxiliaires en ce qu'ils détruisent des quantités d'insectes nuisibles, les limaces, les escargots, et on devrait mettre à les multiplier le même empressement qu'on apporte d'ordinaire à les écraser. Ils sécrètent par la bouche et l'anus un liquide infect et âcre qu'ils lancent souvent à la figure, lorsqu'on les saisit.

Les uns ont, sur les élytres, des côtes longitudinales et d'autres côtes fortement interrompues, simulant une chaîne ou un collier à grains oblongs. *C. catenulatus*, 23 mill., noir en dessous, d'un noir bleuâtre en dessus, les côtés plus bleus; côtés du corselet très-relevés en arrière, surface rugueuse; élytres convexes, ovalaires, à côtes serrées; très-commun. *C. monilis*, 20 à 28 mill., noir en dessous, dessus bronzé, verdâtre ou presque noir, avec les bords des élytres bleus, violets ou cuivreux; corselet à côtes arrondis, les angles postérieurs larges, saillants; élytres ayant chacune trois rangées de granulations séparées par une côte médiocrement saillante, souvent accompagnée de deux autres plus fines. *C. arvensis*, 16 à 18 mill., bronzé en dessus, noir en dessous, brillant; forme très-analogue à celle du précédent, mais avec les élytres plus ovalaires, plus élargies en arrière, les granulations moins saillantes, les angles du corselet moins prolongés; Fr. or. et sept. Une autre espèce de même taille, moins convexe, à sculpture des élytres plus égale, est le *C. Cristoforii*, des Pyrénées, qui varie du bronzé un peu doré au bronzé un peu verdâtre.

D'autres ont les élytres couvertes de fines côtes très-serrées, parfois confondues et brisées, de telle sorte que la surface paraît simplement rugueuse; quelques-uns sont noirs et ont cette sculpture régulière, non parsemée de points enfoncés, dorés. *C. convexus*, 15 mill., noir, peu brillant, côtes du corselet et les élytres bleuâtres, corselet court, angles postérieurs peu saillants, élytres ovalaires, assez courtes, à lignes élevées fines, nombreuses, plus ou moins interrompues, confuses sur les côtés, avec 3 rangées peu distinctes de points fins et écartés *C. violaceus*, 25 mill.; ovalaire, d'un bleu noir avec les bords du corselet et des élytres d'un violet bleuâtre, élytres finement et densément rugueuses; montagnes de l'Est. *C. purpurescens*, 25 à 28 mill., peut-être variété du précédent, ordinairement plus allongé, élytres à côtes distinctes, mais très-fines, très-serrées, avec la bordure des élytres d'un beau rouge cuivreux passant souvent au violet.

Plusieurs sont métalliques et leurs élytres présentent chacune trois rangées de points enfoncés, dorés ou cuivreux, qui interrompent régulièrement les stries. *C. nemoralis*, 20 à 22 mill., ovalaire, médiocrement convexe, bronzé en dessus, noir en dessous, angles postérieurs du corselet larges; stries des élytres confuses, peu distinctes. *C. alpinus*, 18 à 22 mill., d'un bronzé un peu doré, élytres couvertes de petites côtes fines, très-serrées, régulières; Alpes, Vosges.

Chez d'autres, les élytres présentent trois côtes bien marquées, sans granulations en ligne dans les intervalles. Ces côtes sont larges et arrondies chez le *C. auratus*, 23 à 25 mill., en dessus d'un vert métallique avec des teintes dorées ou bronzées, dessous noir, les premiers articles des antennes et souvent les pattes

fauves; corselet large, élytres très-finement chagrinées
dans les intervalles; très-commun partout. Ces côtes
sont étroites, tranchantes et noires chez les : *C. auroni-*
tens, 20 à 23 mill., d'un beau vert métallique, doré ou
cuivreux sur la tête et le corselet, pattes et base des
antennes fauves, corselet notablement rétréci en arrière, angles postérieurs saillants, intervalles des côtes
ponctués; nord et est de la France, sous la mousse, au
pied des arbres. *C. nitens*, 14 mill., l'un des plus petits
Carabus, tête et corselet cuivreux, élytres vertes très-
brillantes, très-rugueuses entre les côtes, avec une
bordure cuivreuse; corselet large; nord de la France,
dans les dunes.

Chez plusieurs *Carabus*, habitant surtout les montagnes, le corselet est plus petit, ses angles postérieurs
moins plats, moins larges et beaucoup moins saillants.
C. rutilans, 50 mill., magnifique insecte propre aux
Pyrénées-Orientales, d'un doré cuivreux avec de gros
points enfoncés sur les élytres, qui sont lisses. *C. his-*
panus, 25 à 28 mill., des Cévennes, corselet d'un beau
bleu avec les élytres d'un doré cuivreux, très-inégales
avec des points enfoncés, disposés en lignes. *C. splen-*
dens, 25 mill., à élytres lisses, sans points et entièrement d'un doré brillant; Pyrénées. Chez ces 3
espèces, les élytres sont convexes; elles sont aplaties
chez le *C. depressus*, 20 mill., qui est d'un bronzé
plus ou moins verdâtre, avec les élytres rétrécies à la
base, couvertes de fines côtes serrées avec 3 rangées
de points enfoncés, verts ou dorés; Alpes.

Le g. **Procrustes** ne diffère réellement du précédent que par la forme du labre qui est nettement trilobé

au lieu d'être bilobé. La seule espèce, *P. coriaceus*, 33 à
35 mill., est un grand insecte d'un noir mat en dessus,
plus brillant en dessous, à corselet large, à élytres convexes, chagrinées, ayant chacune 3 rangées de gros
points peu distinctes ; commun dans les champs, les
vignes, sous les fagots.

> *c.* Labre bilobé ; tarses antérieures simples dans
> les 2 sexes ; élytres embrassant les côtés de
> l'abdomen.

Les **Cychrus** ont le corps très-épais, très-convexe,
la tête allongée, les mandibules très-saillantes, les palpes
longs avec le dernier article très-grand, le corselet
petit, rétréci en arrière ; les élytres soudées, convexes,
carénées latéralement ; les pattes grandes et grêles.
C. rostratus, 16 à 18 mill., entièrement noir, plus
brillant en dessous que sur le dessus qui est chagriné ;
vit dans les montagnes, les forêts froides et humides,
sous les mousses, les bois pourris, etc. *C. attenuatus*,
16 mill., d'un noir brillant avec les élytres bronzées,
très-rugueuses, à 3 rangées de tubercules lisses,
jambes rousses ; dans les mêmes localités, plus rare.

IIᵉ DIVISION. — *Jambes antérieures échancrées en
dedans.*

A. Elytres tronquées à l'extrémité (Brachiniens).
    a. Corselet presque cylindrique.

Deux genres à corps allongé, à corselet bien plus étroit
que les élytres rentrant dans cette section : **Odacantha,**
corps étroit, lisse, brillant, tête ovalaire, antennes assez
courtes, 1ᵉʳ article moins long que les 2 suivants réu-

nis, élytres parallèles, 4ᵉ article des tarses à peine bilobé. *O. melanura*, 6 mill., d'un vert bleuâtre, base des antennes, poitrine et la plus grande partie des élytres d'un fauve testacé; dans les marais.

Drypta, corps oblong, tête triangulaire, antennes assez longues, 1ᵉʳ article aussi long que la tête, élytres et stries fortement ponctuées, 4ᵉ article des tarses bilobé. *D. emarginata*, 9 mill., d'un vert métallique clair, parfois bleuâtre, bouche, pattes et antennes fauves, tarses bruns, tête et corselet fortement ponctués; dans les endroits humides; commune dans le Midi, rare dans le Nord et au premier printemps.

b. Corselet cordiforme.

Les **Cymindis** ont le corps déprimé, très-ponctué, les élytres ovalaires, à stries marquées; le dernier article des palpes labiaux sécuriforme; le corselet est assez largement rebordé sur les côtés, qui sont un peu relevés. Ce sont des insectes propres surtout aux endroits élevés; on les trouve sous les pierres. *C. humeralis*, 8 à 10 mill., d'un noir brillant, antennes, bouche, pattes et une bordure marginale étroites, mais se confondant aux épaules avec une tache oblongue jaunâtre; stries des élytres ponctuées, intervalles à peine ponctués. *C. vaporariorum*, 7 à 8 mill., d'un brun noirâtre peu brillant, pattes d'un roux ferrugineux, corps très-ponctué, élytres brunes avec la base rougeâtre; commune dans les montagnes.

Les **Demetrias** ont le corps allongé, de consistance assez molle, le dernier article des palpes ovalaire, le corselet oblong, un peu rétréci en arrière, plus étroit que les élytres; le 4e article des tarses est bilobé et les crochets sont denticulés. Ils sont d'un jaunâtre pâle avec la tête noire, et se trouvent sous les débris végétaux; sous les pierres, les écorces, etc. *D. unipunctatus*, 4 1/2 mill., élytres lisses, à stries à peine ponctuées, ayant une tache rhomboïdale noire sur la suture et plus ou moins prolongée en avant; angles postérieurs du corselet non saillants; très-commun partout. *D. atricapillus*, 5 à 6 mill., élytres un peu rembrunies près de l'écusson, intervalles des stries ponctués, angles postérieurs du corselet un peu saillants; avec le précédent. *D. imperialis*, 5 mill., élytres ayant une bande suturale noirâtre, bifurquée en avant, élargie en arrière, se réunissant souvent à une tache latérale; rare; dans les marais.

Les **Dromius** ont le corps plus court, un peu mou et le 4e article des tarses n'est pas bilobé. *D. linearis*, 4 mill., jaunâtre, tête et extrémité des élytres brunes; ces dernières plus allongées que les autres *Dromius*, à stries bien marquées et ponctuées. *D. quadrimaculatus*, 5 à 6 mill., plus court, noirâtre, corselet brun, bouche, antennes, pattes et deux taches sur chaque élytre d'un roussâtre pâle; élytres à stries fines, peu ponctuées. *D. truncatellus*, 3 mill., noir, assez brillant, jambes et 1er article des antennes bruns; stries des élytres peu marquées. Tous les *Dromius* se trouvent sous les débris végétaux un peu humides, au bord des marais, etc.

Les **Lebia** ont le corps plus épais, un peu plus convexe, le corselet plus large, plus carré et échancré aux angles postérieurs; leurs couleurs sont plus vives,

souvent métalliques ; le 4e article des tarses est bilobé et
les crochets sont dentelés. *L. cyanocephala*, 5 à 7 mill.,
tête et élytres bleues où vertes, très-ponctuées, corselet,
pattes et 1er article des antennes fauves, le reste des
antennes et les palpes bruns ; dessous d'un noir bleuâtre;
stries des élytres fines et finement ponctuées ; sous les
écorces, sous les feuilles mortes. *L. crux-minor*, 5 mill.,
d'un jaune fauve, tête, dessous du corps et une croix
de Malte sur la suture des élytres, noirs ; sur les fleurs.
L. hœmorrhoïdalis, 4 mill., d'un noir luisant, tête,
corselet, pattes et bande apicale des élytres d'un jaune
presque orange ; sur les bruyères en fleurs.

Les **Brachinus** ou Bombardiers ont le corps plus
allongé, rétréci en avant, assez épais; le corselet est
petit, beaucoup plus étroit que les élytres, un peu rétréci en arrière ; les élytres, d'un bleu ardoisé ou noir,
sont noires et ne présentent que de très-faibles côtes ; le
reste du corps, sauf l'abdomen, est d'un roux testacé.
Ces insectes sont remarquables par la propriété qu'ils
ont de lancer par l'anus une vapeur qui sort avec une
petite crépitation et qui roussit un peu les doigts. On
trouve les *Brachinus* le long des murs, sous les petites
pierres ou enterrés à peu de profondeur, ou bien sous
les petits amas de débris végétaux. Il faut de l'attention
pour percevoir chez nos petites espèces la fumée et surtout le bruit de l'explosion, mais chez un Brachine du
midi, ce bruit est assez fort et la vapeur brûle le bout
des doigts. *B. crepitans*, 7 à 10 mill., d'un roux testacé ;
élytres d'un bleu ardoisé un peu verdâtre, abdomen
brun, ainsi qu'une tache sur les 3e et 4e articles des antennes ; élytres à côtes visibles. *B. explodens*, 5 à 6 mill.,

plus petit, corselet moins rétréci en arrière, élytres à
côtes nulles. *B. sclopeta*, 5 à 7 mill., élytres plus
brillantes, plus glabres, ayant une tache jaune à l'é-
cusson sur la suture. *B. displosor*, 16 mill., corselet
roux, le reste noir, élytres à côtes très-marquées; tronquées obliquement à l'extrémité; Pyr. or. *B. pyrenæus*,
7 à 10 mill., même forme, mais bien plus petit, tout
noir, antennes et pattes roussâtres; H^{tes}-Pyr.

    B. Elytres non tronquées à l'extrémité.
      a. Tarses non dilatés semblables dans les 2 sexes.
        Corselet fortement étranglé à la base (Sca-
        ritiens).

Les **Scarites**, qui forment le type de ce groupe,
sont des insectes de grande taille, noirs, propres aux
bords de la Méditerranée; leur tète énorme est aussi
large que le corselet et armée de mandibules larges et
fortes; les antennes sont coudées, le 1er article étant
très-long, le corselet est cupuliforme, les élytres sont
arrondies à l'extrémité; les jambes antérieures sont
larges et dentelées. *S. gigas*, 28 à 40 mill., tête presque
carrée, presque 2 fois aussi longue que le corselet, ce
dernier très-fortement rétréci en arrière; élytres
ovalaires unies, un peu élargies et arrondies en arrière,
avec des lignes ponctuées très-fines. *S. lœvigatus*, 14 à
16 mill., allongé, presque parallèle, presque mat,
corselet presque quadrangulaire, fortement rétréci tout-
à-fait à la base, élytres presque lisses. *S. arenarius*,
18 à 20 mill., parallèle, élytres et stries bien marquées,
ces stries assez fortement ponctuées.

  Les **Clivina** ressemblent, en très-petit, aux Sca-

rites, mais leurs mandibules sont moins robustes, moins
saillantes, le corselet est plus oblong, presque carré;
les antennes non coudées sont moniliformes, les
jambes antérieures sont aussi dentelées; on les trouve
au bord des eaux. *C. fossor*, 6 à 7 mill., noire ou
rougeâtre; antennes et pattes plus pâles, élytres parallèles, à stries ponctuées.

Les **Dyschirius** sont plus convexes que les *Clivina*;
leur corselet est presque globuleux, très-fortement rétréci à la base et paraît joint aux élytres par un pédon-
cule; les yeux sont gros, saillants; leurs jambes antérieures sont à peines dentées; leur couleur est bronzée,
brillante. On les trouve dans les terrains humides, au
bord des eaux, enterrés le plus souvent. *D. globosus*,
2 1/2 mill., très-convexe, d'un bronzé obscur, bouche,
base des antennes et pattes d'un brun fauve; corselet
globuleux, élytres courtes, stries fortement ponctuées;
très-commun. *D. angustatus*, 3 1/2 mill., corselet
allongé, rétréci à la base; tête rugueuse; élytres
allongées, stries ponctuées. *D. thoracicus*, 4 1/2 mill.,
épistome tridenté, la dent médiane relacée, corselet
arrondi, élytres à stries fines, finement ponctuées;
jambes antérieures à deux dents aigues. *D. nitidus*,
4 à 5 mill., corselet court, ovalaire, élytres à stries profondes, plus distinctement ponctuées vers la base.

Les jambes antérieures ne sont pas palmées ni
dentelées chez les **Ditomus**; leur tête est très-grosse,
aussi large que le corselet; les yeux sont petits, peu
saillants; le corselet est court, en forme de croissant; les
élytres sont aplanies sur le dos, arrondies à l'extrémité,
fortement striées. *D. clypeatus*, 11 à 13 mill., noir;

brillant, très-ponctué; tête ayant deux impressions bien marquées; très-rare au centre de la France, plus commun dans le Midi. *D. sphærocephalus*, 8 à 9 mill., même forme, mais plus petit et plus étroit; ponctuation plus fine, tête plus convexe, sans impressions distinctes; angles antérieurs des corselets non saillants. France méridionale.

B. Tarses antérieurs dilatés chez les mâles. Palpes non subulés.

Les 2 ou 3 premiers articles des tarses antérieurs carrés ou arrondis (Chlæniens).

Le G. **Loricera**, qui commence cette tribu, se distingue de ses congénères par les antennes hérissées de poils aux 6 premiers articles; la tête est arrondie, rétrécie fortement à la base, le corselet est cordiforme, les élytres sont presque parallèles. *L. pilicornis*, 8 mill., d'un vert bronzé en-dessus, noir en dessous, pattes brunes, élytres à stries ponctuées, le 3ᵉ intervalle marqué de 3 gros points; assez commune au bord des eaux.

Les **Panagæus** ont de même la tête rétrécie à la base, le corselet est arrondi, mais convexe et grossement ponctué, les élytres assez convexes, sont parallèles, arrondies à l'extrémité et ornées chacune de deux grandes taches rouges; le dernier article des palpes est fortement sécuriforme. *P. crux-major*, 8 à 10 mill., noir, les 2 taches postérieures des élytres atteignant le bord externe; sous les pierres, dans les endroits humides. *P. quadripustulatus*, plus étroit, élytres plus finement et plus densément ponctuées; taches postérieures des élytres rondes, entourées de noir sous les feuilles sèches, dans les bois.

Les **Chlænius** habitent presque exclusivement le bord des eaux ; ils ont la tête saillante, le labre tronqué ou légèrement sinué, le dernier article des palpes ovalaire, tronqué à l'extrémité ; leur corselet est presque carré, tantôt un peu rétréci vers la base, tantôt atténué en avant. Presque tous ont les élytres vertes, souvent avec une bordure jaune ; ils exhalent, quand on les saisit, une odeur ammoniacale très-intense. Elytres bordées de jaune : *C. vestitus*, 9 à 11 mill., d'un vert un peu bronzé, dessous brun noirâtre, abdomen bordé de jaune, bouche, antennes et pattes jaunes, la bordure jaune des élytres très-élargie au bout. *C. velutinus*, 15 mill., tête et corselet d'un vert métallique brillant, élytres d'un vert un peu obscur, très-pubescentes ; bouche, antennes et pattes d'un jaune pâle ; commun sous les pierres, au bord des rivières. *C. marginatus*, 10 mill., d'un vert gai ; pattes, antennes et bouche jaunes ; corselet presque carré. *C. spoliatus*, 15 mill., d'un beau vert bronzé, glabre, bordure des élytres très-pâle, antennes et pattes d'un jaune ferrugineux, élytres assez fortement striées ; Fr. mér. Elytres non bordées de jaune : *C. Schrankii*, 12 à 14 mill., tête d'un vert bronzé, corselet et écusson d'un vert cuivreux, élytres d'un vert un peu bleuâtre, à pubescence roussâtre, dessous d'un noir verdâtre, bouche, les 3 premiers articles des antennes et pattes d'un roux ferrugineux. *C. tibialis*, 10 à 12 mill., diffère par les cuisses noires ou brunes et les tarses d'un brun roussâtre. *C. holcsericeus*, 12 mill., noir, à pubescence brunâtre serrée ; tête bronzée, parfois verdâtre ; corselet chagriné, ainsi que les élytres qui sont assez fortement striées ; dans les marais.

Les **Licinus**, tous noirs, ont le corselet en forme de bouclier aplati et tranchant sur les côtés, arrondi aux angles postérieurs ; leur corps est assez large, déprimé au-dessus ; leur tête est grande, le dernier article des palpes est sécuriforme ; on les trouve sous les pierres, quelquefois sous la mousse ; ils paraissent au premier printemps. *L. silphoides*, 12 à 15 mill., corselet large, fortement arrondi sur les côtés qui sont rugueux ; stries des élytres bien marquées, assez fortement ponctuées ; intervalles avec une série de gros points, les 3e, 5e et 7e un peu relevés. *L. cassideus*, 13 mill., d'un noir mat en dessus, brillant en dessous, corselet transversal, peu arrondi sur les côtés et très-finement rugueuses ; stries des élytres très-fines, ponctuées ; intervalles plans, à peine ponctués. *L. depressus*, 10 mill., plus petit, à corselet plus arrondi, plus ponctué, stries des élytres bien marquées, ponctuation des intervalles assez forte.

Les **Badister** ont le corps allongé, très-lisse, peu convexe, la tête élargie en avant, le labre bilobé, le dernier article des palpes ovalaire, les antennes assez longues et grêles, le corselet rétréci en arrière ; les 3 premiers articles des tarses sont fortement dilatés chez le mâle ; on les trouve dans les endroits très-humides. *B. bipustulatus*, 6 à 7 mill., tête noire, corselet, écusson, pattes et base des antennes fauves, élytres noires avec la base et une bande suturale élargie en arrière, d'un fauve rougeâtre ; corselet lisse. *B. unipustu-*

latus, 8 mill., même coloration, mais plus grand, tête beaucoup plus grosse. *B. humeralis,* 4 mill. 1/2, d'un brun brillant, base des antennes, bouche et pattes, une fine bordure autour du corselet et des élytres, y compris la suture et une tache humérale, d'un jaune pâle, corps plus allongé.

** Les 2 ou 3 premiers articles des tarses anté-rieurs cordiformes ou échancrés, dilatés chez les mâles (Féroniens.)

† Les 2 premiers articles seulement des tarses antérieurs dilatés.

Les **Pogonus**, qui vivent au bord de la mer, ont le corps bronzé, la tête fortement bisillonnée, le dernier article des palpes labiaux tronqué, les antennes assez courtes, le corselet presque carré, les élytres presque parallèles, striées. *P. chalceus,* 5 1/2 à 6 1/2 mill., d'un vert bronzé brillant, presque noir, antennes d'un brun roussâtre, base du corselet ponctuée, ayant de chaque côté une fossette bien marquée, stries ponctuées, bien marquées vers la suture, plus fines en arrière et sur les côtés; commun sur les côtes de la Manche et de l'Océan. *P. pallidipennis,* 9 mill., allongé, parallèle, d'un vert bronzé, avec les élytres testacées; bords de la Méditerranée.

†† Les 3 premiers articles des tarses anté-rieurs dilatés chez les mâles.

Les crochets des tarses sont dentelés chez les **Cala-thus,** genre nombreux, à corselet trapézoïdal ou qua-drangulaire, toujours rétréci en avant, sans impressions postérieures bien marquées; à élytres peu convexes, en ovale allongé. Ce sont des insectes fort agiles, vivant sous les pierres comme presque tous les Féroniens; ils se distinguent des *Pristonychus* par les angles postérieurs du corselet effacés, par les pattes plus courtes et la dent du menton bifide. *C. latus*, 12 mill., oblong, d'un brun foncé, antennes, palpes et pattes d'un roux ferrugineux; corselet à peine plus large que long, rétréci en avant, élytres à stries fines; quelques points écartés sur les 3e et 5e stries; commun partout; ses pattes quelquefois sont brunes. *C. ambiguus*, 11 mill., allongé, d'un brun noirâtre, brillant sur la tête et le corselet, un peu moins sur les élytres, antennes, palpes et pattes d'un roux ferrugineux; corselet à peine rétréci en arrière, ayant à la base, de chaque côté, une impression lisse, bords latéraux et postérieurs rougeâtres; dessous d'un brun foncé, un peu rougeâtre au milieu; très-commun. *C. fulvipes*, 9 à 10 mill., allongé, presque parallèle, d'un noir luisant, antennes à pattes d'un roux ferrugineux, corselet un peu rétréci en arrière, côtés ordinairement bordés de rougeâtre, élytres à stries bien marquées, lisses; commun. *C. melanocephalus*, 7 mill., allongé, tête noire, corselet d'un rougeâtre clair, presque carré, faiblement rétréci en avant, élytres d'un brun rougeâtre plus ou moins foncé, parfois noirâtres; antennes et pattes d'un testacé clair; très-commun.

Les **Pristonychus** ont le corps oblong, le corselet un peu cordiforme mais faiblement rétréci en arrière, la tête grande, ovalaire, les élytres ovalaires, les crochets des tarses dentelés à la base; ils vivent sous les pierres, dans les haies, dans les caves. *P. terricola*, 15 à 17 mill., oblong, aptère, dessus d'un noir plus ou moins bleuâtre, dessous et pattes d'un brun foncé; corselet assez cordiforme, ayant à la base, de chaque côté, une assez large impression; élytres à stries finement ponctuées; jambes intermédiaires légèrement arquées; dans les caves, les celliers, les haies, etc.

Les **Sphodrus** ne diffèrent que par les crochets des tarses lisses, le corps plus épais, plus parallèle. *S. leucophthalmus*, 25 mill., ailé, d'un noir assez brillant, plus terne sur les élytres; tête et corselet finement ridés en travers; élytres à stries fines, très-légèrement ponctuées; ne se trouve guère que dans les caves.

Les **Anchomenus**, comme les genres suivants, ont aussi les crochets des tarses lisses; ce sont des insectes d'une taille assez médiocre, oblongs, à antennes assez longues, composées d'articles presque égaux, sauf le deuxième qui est petit; le corselet est tantôt presque arrondi, tantôt presque cordiforme; ils sont vifs et se trouvent dans les endroits humides ou sous les feuilles mortes. *A. angusticollis*, 12 mill., d'un noir brillant, corselet court, cordiforme, à bords relevés, surtout en arrière, élytres ovalaires, un peu élargies en arrière, à stries bien marquées; dessous et pattes bruns, tarses plus clairs; dans les bois, sous la mousse ou au bord des eaux. *A. prasinus*, 8 mill., tête et corselet d'un vert bronzé, ce dernier cordiforme, élytres d'un roux ferrugineux, avec une grande tache bleuâtre ou verdâtre, occupant la moitié postérieure; très-commun au bord des eaux. *A. sexpunctatus*, 8 à 10 mill., corselet presque arrondi, d'un beau vert métallique, ainsi que la

DES COLÉOPTÈRES DE FRANCE.

tête; élytres d'un beau rouge cuivreux, à bordure verte,
avec 6 ou 7 points sur le 3ᵉ intervalle; commun dans
les endroits humides. A. marginatus, 10 mill., d'un
beau vert clair brillant, côtés des élytres d'un jaune
pâle, dessous plus foncé, corselet finement bordé de
jaunâtre; élytres planes, à stries très-fines, peu enfoncées, suture un peu cuivreuse; 3 points sur le troisième intervalle. A. parumpunctatus, 8 à 9 mill., d'un
vert bronzé et brillant, passant parfois presque au noirâtre, corselet transversal, angles postérieurs obtus,
presque arrondis; élytres assez larges, à stries fines.
A. mœstus, 9 mill., corselet arrondi, tout noir, brillant;
élytres assez courtes, à stries finement ponctuées.

Le g. **Feronia**, type du présent groupe, renferme
un grand nombre d'espèces, de faciès très-variés; leurs
mandibules sont médiocrement saillantes, les jambes
antérieures terminées par une seule épine; leur corps
oblong est presque toujours déprimé en dessus, les antennes sont comprimées, le dernier article des palpes
est presque toujours cylindrique et tronqué. Ce sont des
insectes vivant à terre, sous les pierres, plus nombreux
dans les montagnes.

Les uns ont les premiers articles des antennes carénés; ce sont les **Pœcilus**. F. cuprea, 10 à 12 mill.,
oblong, passant du vert bronzé au cuivreux, au bleu
obscur et au noir; les deux premiers articles des antennes toujours testacés; corselet presque carré, arrondi
sur les côtés; base finement ponctuée, ayant de chaque
côté deux impressions oblongues; élytres un peu plus
larges que le corselet, presque parallèles, à stries finement ponctuées; très-commun partout. F. dimidiata,

14 mill.; tête, corselet d'un rouge cuivreux; élytres
d'un beau vert métallique; dessous et pattes d'un brun
noir un peu bronzé. *F. Koyi*, 14 mill., allongée, parallèle, d'un bleu plus ou moins violet, rarement d'un vert
métallique, corselet grand, plus étroit à la base qu'en
avant, à côtés régulièrement arqués, impressions
externes de la base plus marquées que les internes;
élytres pas plus larges que le corselet..

Les autres espèces n'ont pas les premiers articles
des antennes carénés. Chez les unes, le corselet est
presque arrondi : *F. madida*, 15 mill., oblongue,
aptère, assez convexe, d'un noir brillant; corselet fortement arrondi aux angles postérieurs, avec une large
fossette ronde; élytres ovalaires, à stries plus enfoncées,
lisses; cuisses souvent rouges; dernier segment abdominal des mâles offrant une impression arrondie, bordée
en avant par un bourrelet transversal; très-commune.
Chez toutes les autres espèces, les angles postérieurs
du corselet sont marqués : *F. terricola*, 13 mill., corps
épais, assez court, convexe, d'un brun noir brillant,
antennes et pattes rougeâtres, tête grosse, corselet cordiforme, très-rétréci à la base, avec les angles pointus
et saillants; élytres courtes, ovalaires, arrondies, tronquées à l'extrémité; stries bien marquées; commune
dans les bois un peu frais. *F. melanaria*, 18 mill.,
aptère, oblongue, d'un noir brillant; tête assez forte,
corselet faiblement rétréci en arrière, légèrement arrondi sur les côtés, qui forment aux angles postérieurs
une très-petite dent; de chaque côté de la base, deux
fortes impressions réunies, très-ponctuées; élytres
oblongues, à stries lisses; sur la 2e, deux points enfon-

cés; c'est l'espèce la plus commune du genre, sous les pierres, les débris végétaux. *F. nigrita*, 12 mill.; même forme, mais taille plus petite, stries ponctuées. *F. vernalis*, 7 à 9 mill., d'un noir luisant, pattes et 1er article des antennes d'un brun rougeâtre; corselet presque carré, angles postérieurs presque obtus, élytres parallèles, à stries bien marquées. *F. Salzmanni*, 5 à 6 mill., d'un bleu foncé métallique, brillant, pattes, palpes à base des antennes d'un roux ferrugineux; corselet cordiforme, élytres courtes, fortement striées; Fr. mér. Pyr. au bord des ruisseaux. *F. abacoides*, 10 mill., corselet ausi large que les élytres, base ponctuée, bi-impressionnée de chaque côté, élytres obtuses à l'extrémité, peu convexes, stries très-finement ponctuées, intervalles pleins; Pyr.

F. oblongopunctata, 11 mill., oblongue, déprimée, d'un bronze brillant foncé, parfois noirâtre, corselet un peu cordiforme, ayant à la base deux fortes impressions très-ponctuées; élytres élargies en arrière, à stries lisses; sur les 2e et 3e stries, 5 ou 6 gros points ou fossettes; dans les bois, sous les feuilles. *F. nigra*, 18 mill., d'un noir médiocrement brillant, corselet presque carré, à peine rétréci en arrière; angles postérieurs droits, formant une très-petite dent obtuse; de chaque côté, une large fossette ponctuée; élytres longues, presque parallèles, fortement striées, intervalles couverts; dernier segment de l'abdomen caréné, chez les mâles; assez commune dans les pays un peu élevés et un peu froids. *F. parumpunctata*, 14 à 15 mill., d'un noir très-brillant, parfois à reflets irisés, corselet grand, médiocrement rétréci en arrière; de chaque côté, à la

base, une profonde fossette non ponctuée, élytres assez
courtes, à stries lisses, assez profondes; commune dans
les bois. *F. femorata,* 16 mill., même forme, mais plus
étroite, corselet plus rétréci à la base, cuisses d'un roux
testacé; Alpes, Mont-Dore. *F. Dufourii,* 17 mill., très-
déprimée en dessus, plus large que les précédentes,
corselet grand, notablement rétréci en arrière, élytres
presque parallèles, presque tronquées; dernier segment
abdominal ayant une carène arquée ou fer à cheval
chez les mâles; commune dans les Pyrénées. *F.
externepunctata,* 13 mill., dessus d'un beau cuivreux
brillant, parfois un peu verdâtre, surtout sur le fond,
corselet large, médiocrement rétréci en arrière, élytres
brusquement arrondies à l'extrémité; stries ponctuées,
intervalles marqués alternativement d'une rangée de
points peu réguliers; Alpes. *F. metallica,* 16 mill.,
ovalaire, courte, peu convexe, d'un cuivreux brillant,
corselet presque carré, un peu rétréci en avant, mais
non à la base qui présente de chaque côté 2 fossettes un
peu rugueuses; élytres courtes, stries presque effacées;
commune dans les montagnes; descend jusqu'en Lorraine
et à Dijon. Cette espèce amène à un groupe qu'on a
voulu distinguer sous le nom d'**Abax** et qui renferme
les *Feronia* d'assez grande taille, à corselet carré, aussi
large que les élytres, nullement rétréci en arrière,
ayant de chaque côté de profondes fossettes basilaires;
tous sont d'un noir brillant. *F. frigida,* 13 mill., ovalaire, courte, large, corselet court, rétréci en avant;
rebords latéraux épais; élytres ovalaires tronquées à la
base, à stries fines et ponctuées, patte d'un brun rougeâtre; dans les bois un peu frais, dès le premier prin-

temps. *F. striola*, 19 mill., oblong, large, assez parallèle, déprimé au-dessus, corselet à peine rétréci en avant, angles postérieurs marqués d'un gros point; élytres à stries à peine ponctuées, intervalle un peu convexe chez les mâles, plans et presque mats chez les femelles, dernier intervalle externe, caréné à la base, formant une petite dent à l'épaule; dans les bois humides, sous les feuilles mortes. *F. parallela*, 15 mill.; plus petite et plus étroite, corselet non rétréci en avant, mais côtés un peu sinués vers la base; élytres plus convexes, à stries profondes, intervalles un peu convexes, également brillants chez les deux sexes; dans les bois.

Les **Amara** ont le corps ovalaire, toujours convexe, métallique, les antennes filiformes ou cylindriques, le dernier article des palpes ovalaire ou fusiforme moins nettement tronqué que chez les *Feronia*; le corselet varie de formes, mais les élytres sont presque toujours ovalaires, rarement parallèles. Ce sont des insectes très-agiles et qui paraissent les premiers; on les voit courir au moindre rayon de soleil jusque dans les rues et sur les places publiques. *A. similata*, 10 mill., ovalaire-oblongue; d'un bronzé foncé assez brillant, les 3 premiers articles des antennes rougeâtres; corselet grand, se rétrécissant peu à peu en avant, impressions postérieures presque nulles; élytres à stries lisses, peu profondes, plus enfoncées en arrière; commune partout. *A. trivialis*, 6 à 7 mill., presque elliptique, d'un bronzé un peu doré, très-brillant, variant jusqu'au brun métallique, les 3 premiers articles des antennes rougeâtres; corselet notablement rétréci en avant; impression basilaire interne en forme de strie, l'externe effacée; élytres à stries fines., très-finement ponctuées, strie suturale fortement déprimée en avant, suture relevée en arrière; jambes roussâtres; c'est l'espèce la plus commune. *A. picea*, 11 à 15 mill., d'un brun noirâtre brillant, tête grosse, corselet un peu rétréci à la base, angles postérieurs saillants, aigus; base ponctuée, ainsi que les impressions latérales; élytres à stries profondes et ponctuées; assez commun.

Les **Zabrus** peuvent être regardés comme d'énormes *Amara*, très-convexes, à grosse tête et ayant les jambes antérieures terminées par une double épine. *Z. gibbus*, 15 mill., oblong, parallèle, d'un brun noirâtre brillant; labre et antennes roussâtres; corselet à côtés presque droits, légèrement arrondis en avant; base densément ponctuée; élytres longues, à stries ponctuées, intervalles finement ridés; commun partout. On accuse sa larve de ronger les racines des céréales et d'occasionner parfois des ravages sérieux. Les autres *Zabrus* sont ovalaires et assez courts. *Z. inflatus*, 15 mill., d'un brun noir brillant; corselet un peu rétréci en arrière; dans les sables des Landes, au bord de la mer. *Z. obesus*, 16 mill., même forme, mais dessus d'un bronzé verdâtre ou doré brillant; commun dans les Pyrénées.

Le G. **Broscus** rappelle les Scarites par la forme du corselet étranglé à la base et sa tête grande; mais ses antennes sont filiformes et les 3 premiers articles des tarses antérieurs sont dilatés chez les mâles et garnis en dessous de poils au lieu des squamules qu'on observe chez les genres précédents. *B. cephalotes*, 20 mill., oblong, convexe, d'un noir assez brillant; tête assez fortement ponctuée et ridée; corselet ponctué en

avant et à sa base ; élytres à stries peu visibles, formées
de très-petits points et s'effaçant en arrière ; dans les
terrains sablonneux, ordinairement enterré ou sous les
pierres.

   *** Les 4 premiers articles des tarses antérieurs,
      et parfois des intermédiaires, dilatés chez les
      mâles (Harpaliens).

Les **Acinopus** se séparent nettement des autres
genres du même groupe par les tarses antérieurs dilatés
dans les 2 sexes, par la tête grosse, non rétrécie en
arrière, aussi large que le corselet, et par le corps
presque cylindrique ; le corselet, presque carré, est à
peine rétréci à la base. *A. tenebrioides*, 15 mill., d'un
noir brillant en dessus, mat en dessous ; tête très-
convexe, antennes courtes et grêles, élytres striées,
intervalles pleins ; jambes antérieures et intermédiaires
élargies à l'extrémité, rugueuses et épineuses ; sous les
pierres, dans les endroits secs, calcaires.

Les **Anisodactylus** ressemblent aux Harpales,
mais les tarses antérieurs sont revêtus de poils, au lieu
de squamules ; le 1er article des tarses antérieurs n'est
pas plus petit que les suivants. *A. binotatus*, 11 mill.,
oblong, parallèle, d'un noir luisant, front vaguement
taché de rougeâtre, 1er article des antennes vieux, pattes
parfois roussâtres, corselet ayant en arrière, de chaque
côté, deux impressions rugueusement ponctuées, angles
postérieurs presque arrondis, mais formant une très-
petite dent.

Le g. **Diachromus** se distingue du précédent
par le 1er article des tarses antérieurs plus petit que le

suivant; le corps très-ponctué le fait ressembler à un
certain groupe de Harpales, mais il s'en distingue facilement par l'épine double qui termine les jambes antérieures. *D. germanus*, 9 mill., noir, tête d'un testacé
rougeâtre, ainsi que les pattes et les élytres qui ont une
grande tache commune postérieure, d'un bleu noirâtre
comme le corselet; dans toute la France, plus commun
dans le midi.

Les **Harpalus** ont les tarses antérieures des mâles
revêtus au-dessous de squamules et non de poils, le
dernier article des palpes fusiforme, presque tronqué.
Ce sont des insectes très-nombreux, difficiles à distinguer, plus communs dans les terrains arides et calcaires; quelques-uns, comme les *Amara*, paraissent
au premier printemps. Les uns ont le dessus du corps
finement et légèrement ponctués. *H. sabulicola*,
14 mill., oblong, d'un brun bleuâtre ou verdâtre, avec
une fine pubescence roussâtre, corselet presque arrondi.
H. azureus, 7 à 9 mil., en dessus bleu ou vert métallique, corselet légèrement cordiforme, angles postérieurs presque droits, émoussés. *H. oblongiusculus*,
13 mill., oblong allongé, d'un brun rougeâtre, souvent
foncé, pubescent, antennes et pattes plus clairs; corselet
un peu rétréci à la base, angles postérieurs arrondis.
H. rupicola, 8 mill., parallèle, d'un brun foncé, souvent
rougeâtre sur la tête et le corselet; ce dernier rétréci
en arrière; angles postérieurs à peine droits. *H. rufi-*
cornis, 15 mill., le plus grand des Harpales et l'un des
plus communs, à ponctuation extrêmement fine, tête
lisse, d'un brun noir assez luisant, antennes, palpes et
pattes d'un testacé roussâtre; corselet quadrangulaire,

angles postérieurs droits non émoussés, densément ponctué à la base ; élytres à pubescence rousse-dorée, courte, serrée, stries fines.

Les espèces suivantes sont lisses en dessus : *H. œneus*, 10 à 11 mill., oblong, presque parallèle, d'un vert métallique passant au bronzé obscur, antennes, palpes et pattes d'un testacé roussâtre ; corselet un peu arrondi sur les côtés qui se redressent légèrement à la base ; angles postérieurs droits, mais émoussés ; de chaque côté de la base une impression assez large, peu profonde, finement ponctuée ; élytres à stries fines, lisses, les 2 ou 3 intervalles externes couverts d'une ponctuation fine, serrée. *H. distinguendus*, même forme et même coloration ; angles postérieurs du corselet plus droits, stries des élytres plus marquées, pas de ponctuation le long du bord externe ; communs tous deux ; pattes souvent noirâtres dans ces deux espèces. *H. calceatus*, 14 mill., oblong allongé, d'un brun noir assez luisant, antennes, palpes et tarses roussâtres ; corselet à peine plus étroit en arrière, rugueusement ponctué à la base ; sans impressions, angles postérieurs droits ; élytres à stries lisses, finement ponctuées le long du bord externe ; se prend souvent le soir dans les appartements, attiré par la lumière. *H. fulvipes*, 10 mill., assez court, d'un brun noir luisant, pattes et antennes d'un roux clair ; corselet à côtés presque parallèles, angles postérieurs presque droits, base densément ponctuée, élytres courtes, légèrement sinuées à l'extrémité, à stries lisses, assez fortes ; dans les forêts, sous les feuilles, les mousses. *H. semiviolaceus*, 12 mill., oblong, d'un brun noir

2

luisant, corselet d'un bleu foncé, un peu plus large au
milieu que les élytres, base finement ponctuée, impressions presque nulles; élytres fortement striées. *H. tar-
dus*, 10 mill., court, peu convexe, d'un brun noir
foncé, antennes roussâtres, corselet légèrement rétréci en
avant, côtés faiblement sinués, angles postérieurs droits,
impressions assez profondes, un peu obliques; élytres
ovalaires à stries bien marquées. *H. serripes*, 10 mill.,
ovalaire, convexe, d'un noir médiocrement brillant,
antennes roussâtres, tachées de brun sur les 2e, 3e et
4e articles, corselet convexe, rétréci en avant, impressions postérieures étroites, peu profondes, marquées
par quelques points; élytres courtes, ovalaires, un peu
plus larges que le corselet, à stries lisses, plus profondes en arrière, extrémité un peu sinuée; pattes
courtes, cuisses épaisses. *H. anxius*, 7 à 8 mill.,
oblong allongé, presque parallèle, d'un noir médiocrement luisant, antennes brunâtres, 1er article roussâtre;
corselet un peu rétréci en avant, bord postérieur arqué,
impressions postérieures assez étroites, rugueuses, côtés
et angles postérieurs marginés de roussâtre, élytres à
stries fines et lisses. *H. picipennis*, 5 à 6 mill., le
plus petit des Harpalus, ovalaire, brun, souvent rougeâtre, pattes rousses; corselet très-court, finement rebordé sur les côtés, angles postérieurs arrondis, impressions linéaires assez bien marquées; extrémité
des élytres sinuée, stries fines, lisses, bien marquées.

Les **Stenolophus** diffèrent par le dernier article
des palpes fusiforme, acuminé, et l'échancrure du menton dépourvue de dent médiane; ce sont des insectes
lisses et luisants, vivant au bord des eaux ou sous les

feuilles humides ; leur coloration est assez variée.
S. vaporariorum, 6 mill., d'un noir luisant, corselet
rougeâtre, pattes, antennes et élytres d'un roux testacé
clair, ces dernières ayant une grande tache noire occupant les 2/3 postérieurs sans toucher les bords ; très-
commun. *S. consputus*, 5 mill., allongé, noir ; bouche,
base des antennes et pattes jaunâtres ; corselet rougeâtre, à angles postérieurs droits, élytres d'un roux
testacé, ayant une grande tache brune, ovalaire, séparée
en deux par la suture. *S. meridianus*, 4 mill., tête et
corselet noirs, ce dernier notablement rétréci en arrière avec les angles obtus, bord postérieur assez fortement ponctué ; élytres d'un brun noir luisant, avec la
base, la suture et une étroite bordure marginale d'un
jaune testacé ; très-commun.

    c. Tarses antérieurs dilatés chez les mâles, palpes
    à dernier article subulé. (Bembidiens.)

    Presque tous ces insectes sont de petite taille et
vivent soit au bord des eaux, soit dans les montagnes
sous les pierres, au bord des neiges ; quelques-uns sont
privés d'yeux et n'habitent que les grottes.

    Les **Trechus** sont oblongs ou ovalaires, peu con-
vexes, leur tête est creusée de 2 sillons profonds, le
dernier article de leurs palpes est bien visible, aussi
grand que l'avant-dernier et en cône allongé, très-aigu ;
leurs élytres ont quelques stries, visibles seulement
vers la suture ; presque tous ne se trouvent que dans
les montagnes, quelques-uns seulement vivent aux
bords de nos eaux. *T. minutus*, 3 1/2 mill., oblong,
un peu déprimé, d'un brun rougeâtre brillant, pattes
et antennes testacées, élytres presque parallèles, à

stries finement ponctuées, les 4 premières seules visibles; très-commun partout. *T. areolatus*, 2 1/2 mill., allongé, très-déprimé, d'un brun foncé, élytres striées, d'un roux testacé, avec la base autour de l'écusson, l'extrémité et le rebord brunâtres, corselet cordiforme, à angles postérieurs pointus; au bord des eaux courantes, surtout dans le midi.

Les **Anophthalmus** sont des Trechus privés d'yeux; ils sont tous d'une coloration pâle, roussâtre, et n'ont été encore trouvés que dans les cavernes des Pyrénées, des Alpes et de la Provence.

Les **Bembidium** forment un genre nombreux, habitant toujours les bords des eaux et les endroits humides; leurs couleurs sont métalliques, avec des taches ou des dessins rougeâtres; leur tête est souvent bisillonnée, le dernier article de leurs palpes est extrêmement petit et aigu, tandis que l'avant-dernier est grand et un peu renflé à l'extrémité; les stries des élytres sont ordinairement ponctuées et presque toujours bien marquées. Les uns ont le corselet large, à peine rétréci en arrière : *B. nanum*, 2 1/2 mill., déprimé, noir, base des antennes et pattes d'un brun roussâtre, corselet court, transversal, fossettes postérieures bien marquées, élytres à 4 stries internes bien distinctes, les externes effacées. *B. guttula*, 3 mill., noir, un peu bronzé, une tache arrondie, roussâtre, aux 3/4 postérieurs des élytres, base des antennes et pattes d'un roux testacé; corselet court, transversal, un peu échancré derrière les angles postérieurs qui sont obtus, presque arrondis. Les autres ont le corselet presque cordiforme : *B. fasciolatum*, 5 à 7 mill., oblong, déprimé en-dessus, d'un vert bronzé obscur, parfois bleuâtre, avec une large bande brune, parfois peu apparente sur les élytres, 1er article des antennes, jambes et tarses roussâtres; corselet court, ridé en travers, à angles postérieurs droits, élytres parallèles, fortement striées; Fr. mér. *B. tricolor*, 4 1/2 à 5 mill., d'un vert bleuâtre brillant, avec la moitié basilaire des élytres rouge; Fr. mér. *B. ustulatum*, 5 1/2 mill., d'un vert bronzé, élytres ayant chacune 2 taches rougeâtres, la 1re à la base, la 2e oblongue, oblique, un peu avant l'extrémité, base des antennes et pattes d'un testacé roussâtre; stries des élytres profondes, ponctuées, effacées à l'extrémité; commun partout. *B. quadripustulatum*, 4 mill., d'un noir verdâtre bronzé, très-luisant, élytres ayant chacune 2 taches d'un jaunâtre presque blanc, la 1re aux épaules, la 2e arrondie, aux 2/3 postérieurs, élytres assez courtes, à stries ponctuées presque entières. *B. bipunctatum*, 4 à 5 mill., d'un bronzé luisant, antennes et pattes d'un noir bronzé, corselet ponctué, élytres ovalaires, à stries fines, ponctuées; sur le 3e intervalle, 2 fossettes arrondies; plus commun dans les montagnes. *B. paludosum*, 5 à 6 mill., assez convexe, bronzé, avec des teintes cuivreuses, corselet presque carré, ayant une strie en fossette aux angles postérieurs; stries finement ponctuées; sur le 3e intervalle, 2 grandes fossettes carrées, d'un vert argenté; au bord des rivières. *B. punctulatum*, 4 1/2 à 5 1/2 mill., d'un bronzé luisant en dessus, d'un vert bronzé en-dessous, tête et corselet ponctués, ce dernier cordiforme, très-rétréci en arrière, ligne médiane assez profonde; élytres larges, un peu convexes, stries assez fortement ponctuées, surtout à la base; une faible impression transversale au tiers des élytres; très-commun.

FAMILLE DES DYTISCIDES

OU HYDROCANTHARES

Ces insectes sont, à proprement dire, des Carabiques aquatiques ; ils ont, comme ces derniers, six palpes, des antennes filiformes et des tarses de cinq articles (le 4e parfois atrophié), élargis aux pattes antérieures chez les mâles ; seulement leurs pattes postérieures sont allongées et généralement aplaties et propres à la natation. Lorsqu'on les saisit, ils répandent un liquide laiteux, d'une odeur désagréable, et quand ils veulent respirer, ils s'élèvent à la surface de l'eau et émergent la partie postérieure de leur corps en soulevant un peu leurs élytres, de manière à faire arriver une provision d'air aux stigmates placés sur le dernier segment abdominal.

I. Ecusson apparent.

A. Un seul crochet aux tarses postérieurs.

Cette section ne renferme qu'un seul genre, **Cybister**, représenté en France par une seule espèce. *C. Rœselii*, 30 mill., grand insecte ovalaire, élargi en arrière, déprimé, jaunâtre en dessous, d'un vert olivâtre en dessus, avec le labre, les côtés du corselet et une bande le long du bord externe des élytres jaunes ; le dernier article des palpes est plus long que les autres.

B. Deux crochets égaux aux tarses postérieurs.

Ce caractère distingue facilement les **Dytiscus** du genre précédent ; ils sont moins ovalaires, plus con-

vexes, le dernier article des palpes est égal aux autres;
les élytres des femelles sont fortement sillonnées ; tous
ont une bande jaune sur les côtés du corselet et des élytres et
une fascie nébuleuse vers l'extrémité de ces dernières. Les
uns ont le corselet entièrement bordé de jaune. *D. latis-*
simus, 40 mill., ovale, peu convexe, élytres élargies au
milieu, tranchantes sur les côtés, d'un brun foncé un
peu verdâtre en dessus, d'un brun ferrugineux en
dessous ; rare, Vosges, Epernay. *D. marginalis,* 30 à
35 mill., oblong, un peu élargi en arrière, convexe, d'un
noir olivâtre brillant en dessus, dessous et pattes d'un
jaune testacé, bord antérieur des segments abdominaux
étroitement bordé de noir ; commun dans toutes les
mares. *D. circumflexus,* 30 mill., diffère du précédent
par sa forme plus elliptique, l'écusson jaune au milieu et
toutes les sutures de poitrine et de l'abdomen noirâtres ;
moins commun. Chez d'autres, la bande postérieure du
corselet n'existe pas et l'antérieure est à peine indiquée.
D. punctulatus, 28 mill., noir en dessus et en dessous,
quelques taches rougeâtres sur les côtés de l'abdomen ;
pattes noirâtres ; très-commun.

Les **Agabus,** beaucoup plus petits que les *Dytiscus,*
s'en distinguent par le corps moins tranchant sur les
côtés, le prosternum caréné, le dernier article des
palpes plus long et la coloration généralement sombre.
Les uns sont entièrement noirs ou avec une très-
petite tache testacée vers l'extrémité des élytres :
A. melas, 10 mill., ovalaire, déprimé, d'un noir mat,
antennes rousses, très-finement striolé ; commun dans
les montagnes. *A. bipustulatus,* 10 mill., même forme,
mais moins étroit, moins déprimé, côtés du corselet

moins arrondis vers l'extrémité des élytres, une tache
rousse ordinairement peu distincte; très-commun partout. *A. guttatus*, 8 mill., présente deux taches sur
chaque élytre, les bords du corselet sont étroitement
roussâtres, les pattes d'un ferrugineux obscur. D'autres
sont roussâtres ou brunâtres en dessus : *A. bipunc-
tatus*, 9 mill., corselet avec 2 taches noires, élytres
couvertes de petites taches noires irrégulières. *A. palu-
dosus*, 6 mill., corselet noir avec les côtés largement
ferrugineux, élytres brunes, plus claires à la base, le
long de la suture et du bord externe, pattes antérieures
rougeâtres.

Enfin, chez d'autres, les élytres sont brunes ou noires
avec des taches ou bandes jaunes : *A. maculatus*,
8 mill., ovalaire, noir, corselet jaunâtre avec une bande
noire sur les bords antérieur et postérieur, élytres ayant
à la base une bande transversale d'un jaune pâle et deux
bandes longitudinales de même couleur, très-variables
et interrompues. *A. femoralis*, 6 mill., d'un brun noir,
bords latéraux du corselet et des élytres, antennes et
pattes d'un roux ferrugineux.

C. Deux crochets inégaux aux tarses postérieurs.

a. Prosternum non caréné.

Le g. **Acilius** a le corps déprimé, ovalaire, élargi
en arrière, le prosternum arrondi en arrière et le dernier article des palpes plus long que le précédent; en
outre, les femelles ont sur les élytres de larges sillons
couverts de poils. *A. sulcatus*, 16 mill., noir en dessous,
d'un brun cendré en dessus, limbe et une bande transversale du corselet roux, élytres roussâtres, ponctuées

de noir, abdomen tacheté de jaune, cuisses postérieures
noires à la base. *A. canaliculatus*, diffère du précédent
par l'abdomen roussâtre et les cuisses postérieures sans
taches.

Les **Hydaticus** ont le corps plus oblong, plus
convexe, à peine ou non élargi en arrière, le dernier
article des palpes n'est pas plus long que le précédent,
les femelles n'ont pas les élytres sillonnées. *H. Hyb-
neri*, 7 1/2 mill., convexe, noir, corselet d'un roux testacé avec une grande tache postérieure noire, élytres
largement bordées de roux. *H. transversalis*, 13 mill.,
oblong, ovalaire, assez convexe, corselet d'un roux
testacé, largement bordé de noir à la base, élytres noires
avec une bande basilaire transversale et une bande
marginale d'un roux testacé, dessous brunâtre. *H. cine-
reus*, 14 mill., ovalaire, convexe, d'un brun cendré en
dessus, roux en dessous, corselet jaune avec une bande
antérieure et une postérieure noires, n'atteignant pas
les côtés, élytres noirâtres, parsemées de nombreuses
petites taches jaunâtres, suture et bord externe jaunâtres;
très-commun partout.

Les deux genres qui suivent se distinguent des précédents par le prosternum comprimé latéralement de
manière à former une carène. Les **Colymbetes** ressemblent un peu aux *Dytiscus*, mais ils sont moins grands,
plus allongés, plus elliptiques, l'avant-dernier article
des palpes labiaux est plus long que le dernier et les
crochets des tarses postérieurs sont très-inégaux ; leur
corps, médiocrement convexe, est rarement tout noir,
et presque toujours d'un brun foncé en dessus avec
le corselet roussâtre ; les élytres des femelles sont

presque toujours finement striées en travers. Corps
entièrement noir en dessus : *C. coriaceus*, 20 mill.,
à peine élargi en arrière, tête ridée en arrière, ayant deux
petites taches rouges sur le front, dessous et pattes
d'un brun ferrugineux; commun dans le midi. Corps brun
et roussâtre en dessus : *C. fuscus*, 17 mill., ovalaire,
non élargi en arrière, noir en-dessous, corselet roux
avec une tache noire au milieu, élytres d'un brun clair,
passant au jaunâtre le long du bord externe, ayant
chacune 3 lignes de points écartés, peu visibles, pattes
d'un brun ferrugineux, les antérieurs plus clairs ; extrêmement commun partout. *C. pulverosus*, 11 mill.,
oblong, ovalaire, noir en dessous, corselet d'un jaunâtre
pâle avec une tache médiane noire, élytres déprimées
en arrière, jaunâtres, couvertes de petites taches noires
très-nombreuses, confluentes, qui les font paraître d'un
gris verdâtre, suture et bord externe d'un jaunâtre clair ;
pattes roussâtres ; très-commun. *C. collaris*, 11 mill.,
jaunâtre en dessus et en dessous, corselet ayant une
bordure noire très-étroite à la base et au bord antérieur,
élytres entièrement couvertes de petites taches noires serrées, qui les font paraître d'un brun clair avec la suture
et le bord externe jaunâtres.

Les **Ilybius** ont le corps ovalaire, atténué en
arrière et très-convexe, les derniers articles des palpes
labiaux et les crochets des tarses postérieurs sont
presqu'égaux. *I. ater*, 13 mill., noir, bords du corselet
et des élytres vaguement roussâtres, ces dernières ayant
deux petites taches linéaires rougeâtres, l'une près du
bord externe, après le milieu, l'autre en arrière, pattes
plus ou moins noirâtres. *I. fuliginosus*, 12 millimètres,

d'un brun noirâtre avec un très-faible reflet métallique,
bord externe des élytres assez largement bordé de roux.

II. Ecusson non apparent.
A. Tous les tarses de 5 articles bien distincts.

Les **Noterus** à corps très-convexe, très-rétréci en
arrière, très-lisse, ont des antennes courtes, épaisses,
comprimées, les 4 premiers articles très-petits ; dernier
article des palpes maxillaires presque aussi long que
les autres réunis, et des labiaux grand, large, échancré. *N. crassicornis*, 4 mill., d'un roux clair, très-
brillant, élytres d'un brun clair, très-légèrement irisées,
à lignes peu régulières d'assez gros points.

Les **Laccophilus** sont bien moins convexes, moins
atténués en arrière, les antennes grêles, et le dernier
article des palpes labiaux est allongé, aciculaire. *L. in-*
terruptus, 5 mill., d'un roux testacé, élytres d'un
roux un peu verdâtre, avec le bord externe et quelques
taches très-pâles.

B. Tarses antérieurs et intermédiaires de 4 articles
apparents.

Le g. **Hydroporus**, le plus nombreux de la famille, renferme des insectes généralement de petite
taille, de forme et de coloration très-variées et qui se
distinguent des genres voisins par les crochets des
tarses postérieurs égaux. Les uns sont courts avec la
tête rebordée en avant : *H. reticulatus*, 3 mill., ovalaire, très-ponctué, d'un roux testacé, corselet bordé
étroitement de noir en avant et en arrière, élytres
ayant chacune, outre la suture, 4 lignes noires plus ou

moins confluentes. D'autres ont deux carènes tranchantes sur les élytres : *H. bicarinatus*, 2 1/2 mill., court, épais; déprimé en dessus, d'un jaunâtre trèsclair, corselet marginé de noir en avant et en arrière, ayant de chaque côté un petit pli oblique; élytres courtes, base, suture et deux bandes transversales noires. D'autres présentent, à la base du corselet, de chaque côté, une strie qui se prolonge sur les élytres : *H. geminus*, 2 1/2 mill., oblong, un peu déprimé, noir, corselet rougeâtre au milieu, élytres pâles, avec la base, la suture et une large bande transversale dentelée, noires; très-commun. Chez les autres, plus nombreux, il n'y a ni carènes, ni stries communes au corselet et aux élytres : *H. duodecimpustulatus*, 6 mill., le plus grand du genre, oblong, d'un roux testacé, corselet noir à la base et au bord antérieur, élytres noires ayant chacune 6 taches testacées. *H. halensis*, 4 1/2 mill., ovalaire, d'un gris testacé, corselet étroitement bordé de noir en avant et en arrière, 2 taches au milieu, élytres ayant, outre la suture, 5 ou 6 lignes noires, réunies de place en place par des taches. *H. picipes*, 5 mill., oblong, convexe, ponctué, d'un roux testacé foncé, dessous noir, corselet noir à la base, élytres d'un brun roussâtre, ayant chacune 4 lignes noires peu visibles et 4 lignes ponctuées assez courtes. *H. palustris*, 4 mill., ovalaire, peu convexe, pubescent, à peine brillant, brun, tête rougeâtre, corselet largement bordé de roux, élytres ayant 3 taches rousses, parfois réunies en partie, pattes ferrugineuses. *H. lineatus*, 3 1/4 mill., oblong, convexe, pubescent, d'un roux testacé à peine brillant, élytres ayant, outre la suture, 4 lignes brunes entières et une externe courte.

Les **Hyphydrus** sont presque globuleux et diffèrent en outre du genre précédent par les crochets des tarses postérieurs égaux ; ils sont très-bombés en dessous et leur métasternum est extrêmement développé. *H. ovatus*, 4 à 5 mill.; d'un testacé un peu rougeâtre, presque mat ; dessous du corps et pattes beaucoup plus clairs ; densément et irrégulièrement ponctué ; élytres plus foncés à la base. *H. variegatus*, 4 1/2 mill., même forme, très-ponctué, assez brillant, d'un brun foncé, tacheté de roux : se trouve dans le midi.

Dans le genre suivant, **Haliplus**, le corps est assez court, très-épais, très-convexe en dessous; l'abdomen est recouvert en grande partie par les hanches postérieures élargies en lames ; le dessous du corps est percé de gros points cerclés de noir; les yeux sont gros; la coloration est d'un jaune pâle avec des linéoles ou des fascies noirâtres. *H. elevatus*, 4 mill., oblong; corselet ayant 2 sillons, élytres à stries profondes, très-ponctuées, ayant chacune une forte côte saillante ; dans les ruisseaux, sous les pierres. *H. obliquus*, 3 1/2 mill., tête noirâtre au sommet, corselet noirâtre à la base, élytres à stries sinueuses, à peine ponctuées, ayant des bandes obliquement transversales, formées par des lignes noires. *H. impressus*, 2 1/2 mill., d'un roux ferrugineux, sommet de la tête et bord antérieur du corselet noirâtres, ce dernier ayant de chaque côté une strie très-courte; élytres à stries fortement ponctuées, avec des taches ou bandes interrompues noirâtres.

FAMILLE DES GYRINIDES
OU TOURNIQUETS

Corps ovalaire, plat en dessous, pattes antérieures très-grandes, les intermédiaires et les postérieures très-courtes, très-comprimées, les premières notablement écartées des antérieures ; yeux coupés en 2 parties nettement séparées. Antennes très-courtes, 3e article élargi en oreillette, les suivants très-serrés. Palpes au nombre de 4 seulement.

Ces insectes vivent dans l'eau, comme les Dytiscides, mais ils se tiennent presque toujours à la surface, où ils décrivent mille détours avec une prodigieuse rapidité. Lorsqu'on les saisit, ils exsudent un liquide laiteux extrêmement fétide.

Le type de cette famille est le g. **Gyrinus ;** l'espèce la plus commune est le *G. natator*, 6 mill., ovalaire, convexe, d'un noir vernissé, un peu bleuâtre avec le labre et l'épistome d'un bronzé obscur, les élytres à lignes ponctuées, avec les bords latéraux bronzés, le bord réfléchi, la bouche, les pattes et l'extrémité de l'abdomen d'un roux testacé. *G. marinus*, 6 à 7 mill., ressemble beaucoup au précédent, mais le bord réfléchi des élytres et l'extrémité de l'abdomen sont d'un noir brillant. *G. bicolor*, 8 mill., allongé, subparallèle, convexe, même coloration que le *natator*. *G. striatus*, 6 1/2 mill., oblong, ovalaire, peu convexe, d'un brun olivâtre, largement bordé de roux testacé, élytres à suture bronzée et à stries d'un gris glauque ; bouche, poitrine, pattes et dernier segment de l'abdomen d'un roux testacé ; centre et midi de la France.

FAMILLE DES HYDROPHILIDES

OU PALPICORNES.

Insectes de faciès et de mœurs très-différents, mais ayant tous pour caractères les palpes maxillaires aussi longs ou plus longs que les antennes, celles-ci de 6 à 9 articles, les derniers en massue de 3 à 5 articles; ils ont 4 palpes, des pattes parfois comprimées et natatoires, souvent robustes et épineuses, et des tarses de 5 articles. Plusieurs sont aquatiques; d'autres rampent dans la vase et la boue ou s'accrochent aux pierres submergées; d'autres, enfin, moins nombreux, vivent dans les matières excrémentielles, dans les champignons et dans les détritus végétaux.

I. 1er article des tarses postérieurs court, le 2e allongé.

A. Les 4 tarses postérieurs comprimés pour la natation ; sternum prolongé postérieurement en épine. (Hydrophiliens.)

Les **Hydrophilus** sont au nombre des plus grands coléoptères de nos pays ; ils sont ovalaires, convexes en dessus, plats en dessous, leur tête large est un peu inclinée, leur corselet trapézoïdal ou largement échancré en avant ; leurs élytres sont un peu

acuminées en arrière; leur prosternum est vertical,
sillonné; la pointe sternale, très-aiguë, dépasse les
trochanters postérieurs. *H. piceus*, 40 mill., d'un brun
très-foncé, un peu olivâtre, très-brillant en dessus,
presque mat en dessous; élytres ayant des stries fines,
mais plus fortes et profondes à l'extrémité, les intervalles alternativement un peu convexes en arrière;
abdomen caréné; commun dans les mares et les
rivières. *H. aterrimus*, 35 mill., diffère par la taille
plus petite et l'abdomen caréné seulement à l'extrémité; Alsace.

Les **Hydrous**, plus courts et plus convexes, ne
sont pas atténués en arrière, le prosternum est en
carène tranchante, la carène sternale s'arrête au milieu
des hanches intérieures, la pointe ne dépasse pas les
hanches postérieures. *H. caraboides*, 15 mill., d'un
noir à peine verdâtre, brillant, corselet ponctué sur les
côtes et aux angles antérieurs; élytres arrondies en
arrière, à stries très-ponctuées; très-commun. *H. flavipes*, 12 mill., ne diffère guère que par les pattes
rousses, base des cuisses et genoux noirâtres; Fr.
mér.

B. Les 4 tarses postérieurs non natatoires; sternum non prolongé en épine. (Hydrobiens.)

Ce sont des insectes de petite taille, ovalaires ou hémisphériques, vivant dans l'eau, où ils se traînent, la
forme des pattes les rendant mauvais nageurs.

Les **Hydrobius** ont le corps ovalaire, convexe,
les palpes maxillaires longs et grêles, le mésosternum

étroitement caréné, les 4 tarses postérieurs à peine comprimés, ciliés. *H. fuscipes*, 6 à 7 mill., d'un brun noir, parfois olivâtre, brillant; corselet fortement ponctué sur les côtés; écusson ponctué, élytres à stries fortement ponctuées, intervalles finement et densément ponctués, ayant alternativement une rangée de plus gros points; pattes rousses; très-commun. *H. bicolor*, 5 mill., finement ponctué, d'un jaune testacé, tête noire avec une tache jaune; élytres à lignes ponctuées à peine visibles à la base, ayant parfois une tache brune aux épaules; abdomen et pattes bruns. *H. œneus*, 2 1/2 mill., très-convexe, densément ponctué, d'un brun verdâtre brillant, élytres sans stries, la suturale même effacée en avant.

Les **Phylhydrus** ont le corps plus oblong, médiocrement convexe, et le dernier article des palpes maxillaires est plus court que le précédent. *P. marginellus*, 3 mill., densément et finement ponctué, d'un brun noir, corselet fauve sur les côtés, élytres à strie suturale effacée en avant, fauves sur les côtés. *P. lividus*, 4 à 6 mill., à peine convexe, densément ponctué, d'un brun testacé, front noir, corselet tacheté, élytres ayant chacune 3 lignes de points à peine marqués.

Les insectes précédents ont des antennes de 9 articles; les **Berosus** n'en ont que 8, leur corps est ovalaire, extrêmement convexe, les jambes postérieures sont ciliées en dessous; l'écusson est long et pointu. *B. œriceps*, 5 mill., d'un roux grisâtre, tête d'un vert bronzé, corselet très-ponctué, ayant deux larges bandes d'un vert bronzé, élytres ponctuées et striées; très-commun dans toutes les mares.

II. Les 4 premiers articles des 4 tarses postérieurs
courts, le 1er peu distinct; corselet sculpté.
(Hélophoriens.)

Ces insectes sont remarquables par la forme du corselet qui est un peu rétréci en arrière, creusé de
fossettes ou sillonné ; les uns, peu nombreux, vivent
dans la terre humide, les autres se traînent dans les
eaux stagnantes, beaucoup restent accrochés aux pierres
ou aux morceaux de bois submergés.

Les **Helophorus** sont peu convexes, le dernier
article des palpes maxillaires est plus long que l'avant-
dernier, leur abdomen est de 5 segments ; leur corselet,
creusé de sillons sinueux, est transversal et plus large
que la tête, les élytres ont souvent des côtes. *H. rugosus*, 5 mill., d'un testacé pâle, tête d'un brun rouge,
corselet finement granuleux, avec 4 côtes élevées,
réunies en avant, les médianes interrompues au milieu ; élytres marbrées de taches noirâtres, fortement
carénées. *H. grandis*, 6 mill., d'un vert ou d'un gris
bronzé, corselet à 6 côtes pubescentes, ponctuées, élytres
d'un testacé grisâtre, marbrées de taches noires, à stries
ponctuées, intervalles alternativement un peu convexes.
H. aquaticus, 2 1/2 mill., tête et corselet d'un vert
bronzé, élytres d'un testacé obscur, ordinairement à
reflets métalliques, corselet à 6 côtes granuleuses,
élytres à profondes stries ponctuées, intervalles un peu
relevés alternativement.

Les **Hydrochus** ont le corps allongé, métallique,
la tête un peu plus large que le corselet, celui-ci oblong,
à fossettes, les élytres sont oblongues, plus larges que

le corselet ; leurs pattes sont courtes et grêles. *H. elon-gatus*, 4 1/2 mill., d'un noir bronzé ou d'un vert métallique, corselet à 5 fossettes, élytres à stries ponctuées et crénelées, les intervalles relevés alternativement en côtes. *H. angustatus*, 2 à 3 mill., même coloration, corselet à 7 fossettes, élytres à stries crénelées, intervalles plans ; assez commun dans les mares.

Le dernier article des palpes maxillaires est égal à l'avant-dernier ou même plus court dans les deux genres suivants, dont les espèces vivent accrochées aux pierres submergées ; leur abdomen est de 6 segments. Les **Ochthebius** ont le corps épais, métallique, ovalaire, assez court, la tête fovéolée, le labre faiblement sinué, le corselet presque cordiforme, sillonné ou fovéolé. *O. pygmœus*, 1/2 mill., d'un brun verdâtre foncé, antennes, palpes et pattes roussâtres, corselet simplement rugueux, cordiforme, ayant un sillon médian et un autre oblique de chaque côté, derrière les yeux ; élytres peu convexes, à stries ponctuées, intervalles convexes et ridés ; dans les eaux stagnantes. *O. exaratus*, 1 mill., d'un noir brunâtre, élytres rougeâtres, tête à 2 fossettes, corselet fortement rétréci en arrière, surface lisse, avec 2 sillons transversaux unis par un sillon longitudinal, élytres peu convexes, à stries ponctuées.

Les **Hydræna** ont le corps oblong ou allongé, peu convexe, la tête saillante, presque horizontale, le labre échancré, les palpes maxillaires très-longs, le corselet plus ou moins hexagonal, obtus sur les côtés, élytres à lignes ponctuées, généralement régulières, extrémité formant une petite pointe. *H. testacea*, 1 1/2 mill., tête

et dessous noirs, le reste testacé, corselet rugueusement
ponctué, ayant à la base une impression transversale.
H. riparia, 2 1/5 mill., noire, élytres plus claires,
antennes, palpes et pattes roussâtres, corselet plus clair
sur les côtés, assez fortement ponctué, élytres à lignes
de points presques carrés.

III. 1er article des tarses postérieurs allongé,
jambes épineuses ou dentelées. (Sphéridiens.)

Ce sont, sauf une exception, des insectes terrestres, à
corps brièvement ovalaire ou presque hémisphérique,
le corselet est aussi large à la base que les élytres et se
rétrécit en avant, les antennes ont 8 ou 9 articles, le
2e article des palpes maxillaires est renflé ou ovalaire.

Les **Cyclonotum** seuls vivent dans l'eau ; leur
corps est court, arrondi ou presque tronqué en arrière,
le mésosternum est saillant entre les hanches intermédiaires. *C. orbiculare*, 3 à 5 mill., très-convexe, d'un
noir brillant, densément ponctué, élytres à strie suturale effacée en avant.

Les **Sphœridium** ont une forme presque semblable, mais moins convexe, leur mésosternum n'est pas
saillant en arrière, leurs antennes ont 8 articles, et le
1er article des tarses postérieurs est aussi long que les
suivants réunis ; ils vivent dans les bouses et sont noirs,
tachetés de rouge ou de jaune. *S. scarabœoides*, 5 à
6 mill., d'un noir brillant, densément et finement
ponctué, élytres aussi larges que le corselet, obtuses à
l'extrémité, ayant chacune une grande tache rouge aux
épaules et une tache lunulée jaune en arrière ; très-
commun. *S. bipustulatum*, plus petit, à corselet bordé

de jaune, ainsi que les élytres qui ont en outre, à l'extrémité, une tache lunulée, jaune, et souvent une
tache humérale rouge.

Les **Cercyon**, plus petits, sont plus ovalaires et
plus convexes, leurs antennes ont 9 articles, le 1er article des tarses postérieurs est à peine aussi long que les
3 suivants réunis. On les trouve dans les bouses,
dans les détritus végétaux, sous les feuilles humides,
etc. *C. hœmorrhoidale*, 2 1/2 à 3 1/2 mill., densément
et finement ponctué, noir, extrémité des élytres d'un
rouge brun, remontant parfois vers la base, stries
parallèles, intervalles larges ; pattes brunes, cuisses
noires. *C. pygmœum*, 1 1/2 mill., ovale, oblong, noir,
brillant, élytres un peu plus larges que le corselet,
ponctuées, à 11 stries ponctuées, intervalles déprimés,
extrémité et une partie des côtés d'un rouge testacé.
C. melanocephalum, 2 à 3 mill., convexe, brillant,
densément ponctué, noir, élytres d'un rouge clair, une
tache noire, triangulaire, près de l'écusson, se prolongeant sur la suture. *C. quisquilium*, 2 mill., noir,
densément ponctué, élytres jaunes, suture brune.
C. unipunctatum, 2 à 3 mill., ovale, noir, ponctué,
corselet largement bordé de jaune, élytres d'un jaune
rougeâtre, avec une tache commune, cordiforme, noire,
pattes jaunes.

FAMILLE DES STAPHYLINIDES
OU BRACHÉLYTRES.

Cette famille, très-naturelle, est caractérisée par la brièveté des élytres, qui laissent à découvert la plus grande partie de l'abdomen; ce dernier, à segments très-mobiles, cornés et bien distincts les uns des autres, est relevé généralement quand l'insecte marche; les palpes ne sont plus qu'au nombre de 4, les tarses sont composés généralement de 5 articles; les antennes sont filiformes et assez courtes. Ces insectes, extrêmement nombreux et le plus souvent de petite taille, vivent de proie vivante ou de matières décomposées, aussi les trouve-t-on dans les fumiers, les matières excrémentitielles, les cadavres en putréfaction; beaucoup vivent sous les écorces des arbres, où ils font la chasse aux larves d'autres coléoptères; quelques-uns enfin sont enterrés dans les sables et les terrains humides, ou se réfugient sous les pierres, ou sont confinés dans les fourmilières et même au milieu des frélons.

Iʳᵉ Division. — *Antennes insérées sur le front, au bord interne des yeux.*

Cette division renferme une immense quantité de petits insectes fort difficiles à déterminer, et dont plusieurs habitent exclusivement avec les fourmis.

Le g. **Myrmedonia** se compose uniquement d'espèces ayant ces dernières habitudes; leurs antennes sont assez fortes, épaissies vers l'extrémité, le corselet est presque toujours sillonné au milieu, l'abdomen est fortement rebordé sur les côtés; le 1er article des tarses postérieurs est bien plus long que les suivants.

M. *canaliculata*, 4 mill., allongée, atténuée en avant, très-ponctuée, d'un jaune roussâtre assez brillant, sur-tout sur l'abdomen, qui présente à l'extrémité une large bande brune; élytres plus courtes que le corselet; vit avec les fourmis rouges; très-commune dans les prairies, sous les feuilles, dans les bois. M. *humeralis*, 5 mill., plus large, parallèle, d'un brun noir luisant, corselet roux avec le disque brun, élytres ayant une tache humérale rousse, pattes rousses, une impression sur le front et sur le milieu du corselet; commune dans les nids des fourmis rousses et noires, dans les bois.

Les **Homalota**, genre extrêmement nombreux, diffèrent par leurs antennes moins fortes et le 1er ar-ticle des tarses postérieures pas plus long que le 2e; le corselet est plus atténué en arrière, l'abdomen est géné-ralement un peu rétréci à l'extrémité; leurs mœurs sont extrêmement variées. H. *lividipennis*, 2 1/2 mill., d'un noir mat, densément et finement ponctuée, à pubes-cence soyeuse, antennes épaisses, plus longues que la tête et le corselet, ce dernier arrondi à la base et sur les côtés, élytres à peine plus longues que le corselet, d'un roussâtre clair avec une tache brunâtre triangu-laire autour de l'écusson; très-commune dans les fu-miers et les champignons.

Quand on renverse sur une nappe un de ces cryp-togames, on en voit sortir une fourmilière de petits co-léoptères de la famille des Staphylins; les plus petits,

roux, avec une tache brune transversale sur l'abdomen, sont les **Gyrophœna**, leurs yeux sont assez
saillants, leurs antennes grêles ; les moyens sont des
Aleochara, au corps brun ou noir, épais, aux antennes courtes, épaisses, à l'abdomen fortement rebordé, très-convexe en dessous ; on les trouve aussi
très-fréquemment sur les cadavres à moitié desséchés.
A ces insectes se joignent les **Tachyporus**, au corps
convexe, très-brillant ; au corselet un peu plus large
que les élytres, à l'abdomen rétréci assez fortement vers
l'extrémité et à coloration noire avec les élytres d'un
rouge brique ; les **Boletobius**, d'un jaune paille,
avec les élytres noires, à tache humérale blanchâtre et
une bande noire transversale sur l'abdomen ; les
Mycetoporus, de même forme, d'un noir brillant,
avec les élytres d'un rouge foncé.

Dans les 3 genres, l'abdomen ne se relève pas.

IIe DIVISION. — *Antennes insérées sur le bord
antérieur de la tête.*

A. Antennes filiformes, parfois un peu épaissies vers
l'extrémité, mais non en massue. Dernier article des palpes bien visible.

Le g. **Staphylinus** renferme les plus grands insectes de la famille ; ce sont aussi les plus carnassiers ;
leur grande tête, aussi large ou plus large que le corselet, est armée de fortes mandibules en forme de faucilles ; les antennes sont écartées à la base et rapprochées
des yeux qui sont petits et peu saillants, leur corps est
allongé, plus ou moins parallèle, leur abdomen, fortement rebordé, se relève lorsqu'on menace l'insecte, et

alors il fait sortir du dernier segment deux petites
vessies arquées, blanchâtres, qui exhalent une odeur
forte, un peu acide. *S. hirtus,* appelé par Geoffroy le
Staphylin bourdon, 20 mill.; noir, très-velu, avec la
tête, le corselet, sauf le bord postérieur et les 3 derniers segments de l'abdomen d'un jaune doré, moitié
postérieure des élytres d'un cendré obscur, dessous
d'un noir violet; sur les fumiers. *S. maxillosus,*
13 mill., d'un noir luisant, élytres ayant une large bande
transversale dentelée, d'un gris cotonneux avec quelques
points noirs, abdomen tacheté de gris; commun dans les
fientes et les cadavres en putréfaction; répand une odeur
un peu musquée. *S. nebulosus,* 12 à 15 mill.; noir,
couvert d'une pubescence cendrée, couchée, serrée,
avec des fascies nébuleuses rousses; angles antérieurs du
corselet pointus; écusson ayant une grande tache d'un
noir velouté; à la base de chaque segment abdominal
une fascie soyeuse, argentée. *S. cæsareus,* 15 à 20 mill.,
d'un noir mat, tête densément et finement ponctuée,
antennes rousses; corselet arrondi à la base, finement
ponctué, finement caréné au milieu, écusson velouté;
élytres rousses; abdomen ayant le bord postérieur du
1ᵉʳ segment et une tache latérale sur les 4 suivants, d'un
velouté doré; très-commun partout. *S. chalcocephalus,*
13 mill., noir; tête et corselet bronzés, densément
ponctués; tête presque triangulaire, corselet un peu rétréci en avant, ayant à la base, au milieu, une petite
carène lisse, écusson d'un noir velouté, élytres rousses,
abdomen ayant sur la base des 4 premiers segments
3 taches et sur les 2 derniers une fascie d'un blanc
velouté. *S. olens,* 18 à 27 mill., appelé souvent *le Diable*

2*

dans les campagnes, entièrement d'un noir mat, avec l'extrémité des antennes roussâtre; tête plus large que le corselet, en carré arrondi; très-commun partout. *S. cyaneus*, 15 à 20 mill., d'un noir presque mat, bleuâtre sur la tête, le corselet et les élytres, tête presque orbiculaire, souvent plus large que le corselet, écusson d'un noir velouté; très-commun. *S. morio*, 12 mill., allongé, d'un noir mat, tête densément et finement ponctuée, avec une petite ligne lisse au milieu; corselet finement ponctué, avec une ligne élevée, lisse.

Les **Philonthus** sont des Staphylins à tête plus petite, lisse, ainsi que le corselet, et ce dernier a presque toujours des séries de points assez gros; ils sont très-nombreux et vivent sous les feuilles mortes, sous les déjections des ruminants, dans les fumiers, etc. *P. æneus*, 8 à 10 mill., noir, tête et corselet d'un noir bronzé, brillants, tête assez grosse, corselet arrondi à la base, rétréci en avant, ayant au milieu deux séries de 3 gros points; élytres densément ponctuées, abdomen très-finement ponctué. *P. cyanipennis*, 9 à 10 mill., noir brillant, élytres d'un beau bleu d'acier ou violettes, écusson densément ponctué; dans les gros champignons en décomposition.

Les **Quedius** se distinguent des genres précédents par leur abdomen plus atténué à l'extrémité et traînant à terre quand l'insecte marche; leur corselet est plus arrondi, la tête est moins rétrécie à la base. *Q. dilatatus*, 15 mill., large, d'un noir peu brillant, corselet et abdomen à reflets soyeux, élytres mates; antennes courtes et larges, dentées en scie. Cet insecte exhale une odeur musquée assez forte et ne vit qu'au milieu des frelons.

Q. *lateralis*, 10 à 12 mill., assez large, noir, tête, corselet et écusson très-brillants, antennes grêles, 1er article roux, bord réfléchi des élytres roux; commun
dans les champignons.

C'est aussi dans les champignons qu'on trouve les
Oxyporus, à corps épais, à grosse tête et à mandibules saillantes, aiguës; ils se distinguent des précédents
par le dernier article des palpes labiaux en forme de
croissant. *O. rufus*, 7 mill., noir, corselet et abdomen
d'un rouge jaune, extrémité de ce dernier noire, élytres
ayant une grande tache humérale rousse. *O. maxillosus*,
7 mill., testacé, tête, corselet et poitrine d'un brun noir,
élytres ayant une grande tache noire à l'angle externe;
abdomen rougeâtre, parfois noirâtre; dans le nord et
l'est de la France.

B. Antennes grossissant en massue. Dernier article
des palpes extrêmement petit, à peine distinct.

Les **Stenus** sont de petits insectes cylindriques,
courant avec vivacité au bord des eaux; leur tête, munie de gros yeux et débordant le corselet, rappelle celle
des Cicindèles; leurs antennes sont courtes et très-
grêles, grossissant à l'extrémité; leur corps est fortement et densément ponctué, d'un noir plus ou moins
plombé; quelques-uns vivent dans les fourmilières,
d'autres sous les feuilles humides, sous les mousses,
etc. *S. biguttatus*, 4 1/2 mill., d'un noir bronzé brillant, élytres ayant chacune au milieu une tache jaune,
ronde. *S. Juno*, 4 à 5 mill., d'un noir mat; abdomen
brillant, base de chaque segment carénée longitudinalement.

IIIe DIVISION. — *Antennes insérées sous les bords latéraux du front.*

Les **Pæderus** rappellent les Stenus pour la forme cylindrique, les mœurs et la rapidité des mouvements; mais leurs antennes sont bien plus longues et filiformes, le corselet est presque globuleux, la tête n'est pas creusée entre les yeux, qui sont moins saillants; enfin, leur coloration est d'un jaune rouge et bleu d'acier. *P. littoralis*, 7 à 9 mill., d'un bleu noir, corselet, base de l'abdomen et antennes d'un testacé rougeâtre, ces dernières tachées de brun au milieu, pattes testacées, extrémité des cuisses noirâtre. *P. ruficollis*, 7 mill., entièrement d'un bleu d'acier, avec le corselet d'un jaune rougeâtre.

Les **Oxytelus** ont le corps déprimé, le corselet creusé de sillons, dentelé sur les côtés, la tête ridée, rétrécie à la base, les antennes un peu coudées, les élytres aplaties, très-finement striolées en long, les jambes épineuses. On les trouve soit dans les excréments, soit dans les matières végétales en décomposition; ils volent souvent le soir, au coucher du soleil, et quand un petit insecte vous tombe dans l'œil, vous pouvez être sûr que, 9 fois sur 10, c'est un petit *Oxytelus*. *O. rugosus*, 4 1/2 mill., noir, brillant, tête sillonnée de chaque côté, corselet finement denticulé sur les côtés, pattes d'un brun roux. *O. complanatus*, 2 mill., d'un noir mat, tête très-finement striolée, corselet non dentelé latéralement, très-finement et densément strié, pattes testacées.

Les **Omalium** et les **Anthobium** vivent en

général, sur les fleurs, les premiers moins que les se-
conds, et se distinguent de tous les groupes précédents
par la présence de deux yeux lisses, ou points brillants,
au milieu du front; mais, en outre, leurs élytres sont
bien plus longues et ne laissent plus à découvert que
l'extrémité de l'abdomen, qui ne peut plus se relever ;
leurs tarses postérieurs ont les 4 premiers articles courts
et à peu près égaux. Les **Omalium** ont les jambes
très-finement épineuses et les 4 premiers articles des
tarses postérieurs simples; les ocelles sont, en outre,
placés un peu en arrière des yeux. *O. rivulare*, 2 à
3 mill., d'un noir brillant, tête ponctuée, avec 4 fossettes, corselet arrondi, moins large que les élytres,
marqué de 2 fossettes; élytres 2 fois aussi longues que
le corselet, fortement ponctuées, déprimées sur la suture, d'un brun noir ; pattes testacées; se trouve sur
les fleurs. *O. striatum*, 2 mill., ovalaire; noir, brillant,
pattes testacées, tête peu ponctuée, avec 2 faibles impressions, corselet à angles postérieurs droits, disque
à peine impressionné, élytres densément ponctuées,
striées noires ou brunes. *O. florale*, 3 1/2 mill., noir
brillant ; pattes rousses, antennes courtes, épaisses,
tête ayant à la base 2 petites stries et en avant 2 fossettes, corselet densément ponctué, à fossettes peu
visibles; élytres assez déprimées, à peine 2 fois aussi
longues que le corselet; densément et rugueusement
ponctuées; dans les bouses, les matières animales en
putréfaction ; se prend assez souvent dans les maisons.

Les **Anthobium**, plus spéciaux aux fleurs, ont
les jambes simplement pubescentes ou ciliées, les
tarses postérieurs élargis et les ocelles placés un peu

plus en avant; ils sont beaucoup plus nombreux dans les montagnes. *A. florale*, 2 à 3 mill., noir, brillant, antennes et pattes testacées, tête à 4 fossettes, corselet sans impressions dorsales, presque arrondi, finement ponctué; 2 impressions sur les côtés. *A. sorbi*, 1 1/2 mill., d'un jaune roussâtre pâle, un peu brillant, élytres et pattes plus claires, tête ayant 2 fossettes, corselet à peine ponctué; élytres arrondies à l'extrémité, densément ponctuées.

A la suite des Staphylinides se place le groupe des Psélaphiens qui ont également les élytres beaucoup plus courtes que l'abdomen; mais ce dernier est entièrement corné, composé seulement de 5 segments et ne peut se relever, leurs palpes sont longs, présentent souvent des dilatations singulières, les tarses n'ont plus que 3 articles et leurs crochets sont souvent uniques.

Ce sont des insectes de très-petite taille, vivant sous les feuilles mortes, dans les mousses, au bord des mares, très-souvent dans les fourmilières; leur démarche est assez lente.

Le g. **Psélaphus** a le corps assez grêle, atténué en avant, les antennes assez longues, épaissies à l'extrémité, les palpes presque aussi longs que les antennes, le dernier article renflé en massue. *P. Heisei*, 2 mill., d'un roussâtre brillant, corselet étroit, uni, élytres s'élargissant de la base à l'extrémité, ayant une strie suturale et une autre, assez courte, vers les épaules; assez commun dans les détritus végétaux, au bord des mares.

Les **Bryaxis** sont plus ovalaires, plus courtes, très-convexes, leurs antennes, insérées sous le rebord du front, grossissent vers l'extrémité, le dernier article est

gros, les palpes sont aussi longs que la tête, le dernier
article est ovalaire ; presque tous vivent dans les endroits
humides, sous les feuilles mortes. *B. sanguinea,*
2 mill., d'un noir brillant, élytres rouges, corselet fortement arrondi sur les côtés, ayant vers la base 3 fossettes
réunies par une strie. *B. impressa,* 2 mill., d'un noir
brillant, élytres d'un rouge sombre, corselet presque
globuleux, ayant à la base deux fossettes, et un point
entre les deux, élytres très-élargies en arrière.

Les **Claviger** sont très-remarquables par leur tête
cylindrique, privée d'yeux, à antennes courtes, épaisses,
cylindriques, de 6 articles, et par leurs élytres très-
courtes, terminées par un pinceau de poils ; ils vivent en
société avec les fourmis. *C. testaceus,* 2 mill., d'un roux
brillant, antennes pas plus longues que la tête, 3e, 4e et
5e articles beaucoup plus larges que longs ; abdomen ayant
à la base une large et profonde impression ; les 3 premiers segments soudés ; dans les fourmilières placées
sous les pierres poreuses ; assez rare dans le centre de
la France, plus commun sur les coteaux, près de Vernon
et dans le midi. Les fourmis paraissent prendre beaucoup de soin de ces insectes ; elles lèchent le faisceau
de poil qui termine les élytres et qui exsude sans doute
une liqueur sucrée.

FAMILLE DES SILPHOÏDES

OU BOUCLIERS

Cette famille est caractérisée par la forme des hanches antérieures rapprochées, très-saillantes et des antennes qui grossissent vers l'extrémité, présentant l'aspect soit d'une massue allongée, soit d'une courte branche coudée terminée par un bouton ovalaire ou presque arrondi, composé de lamelles serrées et réunies par une tige centrale, au lieu de se tenir par le bord, comme on le voit chez les lamellicornes; presque toujours l'abdomen est mobile à l'extrémité et dépasse un peu les élytres, les mandibules sont robustes, assez saillantes; enfin il est à remarquer que très-souvent le 7e article des antennes est plus petit que ceux qui l'avoisinent. Leurs tarses sont de 5 articles et les antérieurs sont presque toujours élargis chez les mâles.

Presque tous les insectes de cette famille vivent dans les matières animales et végétales, soit décomposées, soit simplement fermentées ou même desséchées, et remplissent une véritable mission hygiénique en faisant disparaître les cadavres et les substances putréfiées dont les exhalaisons infecteraient l'air.

Il faut citer au premier rang de ces honnêtes croque-morts les **Nécrophores**, grands insectes robustes, au corselet presque carré, tranchant sur les bords, un peu bosselé au milieu; leurs mandibules sont grandes et fortes, leurs antennes coudées et terminées par un bouton lamellé ; leurs pattes robustes sont propres à fouir et leurs élytres sont notablement plus courtes que l'abdomen. Les uns sont entièrement noirs avec la bordure renversée des élytres rousse ; tels sont les *Necrophorus germanicus* et *humator* : le premier, plus grand, atteint 32 millimètres ; ses antennes sont entièrement noires ; le second ne dépasse pas 20 mill. et la massue de ses antennes est rousse. Les autres ont les élytres d'un rouge testacé avec des bandes noires dentelées, avec la massue des antennes rouge ; ce sont les *N. vespillo*, 15 à 22 mill., dont le corselet est garni en avant de poils veloutés dorés et dont les jambes postérieures sont arquées ; le *N. vestigator*, 15 à 20 mill., dont le corselet est également velouté et dont les jambes postérieures sont droites. Ce dernier caractère se retrouve chez les *N. fossor* et *sepultor*, dont le corselet est tout-à-fait lisse. Enfin le *N. mortuorum*, 14 mill., a la massue des antennes noirâtre et la bande rouge transversale postérieure des élytres est réduite à une tache presque arrondie.

Ces insectes se trouvent dans les cadavres d'animaux et parviennent à enterrer les taupes, mulots, etc., lorsque le terrain n'est pas trop dur ; ils déploient dans ce travail une ardeur et une persévérance très-remarquables.

Les Boucliers (**Silpha**) sont moins habiles et se trouvent en général dans les mêmes conditions ; ils ont les antennes plus longues, droites, grossissant peu à peu vers l'extrémité ; leur tête, plus petite, peut rentrer également en partie sous l'abri du corselet qui est assez

grand, souvent inégal au milieu ; les élytres, souvent
garnies de côtes, laissent également à découvert l'extrémité de l'abdomen ; leurs pattes, moins robustes, ne
sont pas propres à fouir. Enfin, ces insectes rendent par
la bouche, lorsqu'on les saisit, un liquide généralement
d'une odeur infecte. La plus grande espèce est le *Silpha*
littoralis, 15 à 25 mill., qui se trouve dans les cadavres
de chiens, de chevaux, etc., et qui est facilement recon-
naissable à ses élytres tronquées, assez longues, presque
plates, à fortes côtes saillantes et à ses cuisses souvent
très-renflées. Les espèces les plus communes sont les
suivantes : *S. sinuata*, 10 mill., plane en dessus, d'un
noir mat un peu cendré, élytres faiblement carénées,
avec l'extrémité tantôt entière, tantôt échancrée : *S. ru-*
gosa, 10 mill., même forme, mais couvert de petites
élévations rondes, lisses, assez serrées. *S. thoracica*,
12 à 15 mill., large, à corselet d'un jaune velouté, avec
les élytres d'un noir mat, velouté, carénées. *S. opaca*,
10 mill., d'un brun noir recouvert d'une pubescence
soyeuse, d'un gris roussâtre ; cette espèce, particulière
aux bords de la mer, attaque parfois les betteraves dans
le nord de la France, et le liquide verdâtre qu'elle rend
par la bouche n'a pas une odeur infecte. *S. quadri-*
punctata, 12 mill., noire, corselet bordé de jaune,
élytres jaunes avec 2 gros points noirs sur chacune ; cette
espèce se trouve dans les taillis de chênes, où elle fait la
chasse aux chenilles processionnaires. *S. tristis* et
obscura, 14 mill., noirs, presque mats, très-ponctués,
élytres carénées, la carène externe plus courte chez le
second, les intervalles râpeux chez le premier. *S. reti-*
culata, 12 mill., plus court et d'un noir plus foncé, tête

et corselet couverts d'une ponctuation extrêmement
serrée, élytres à côtes avec des rides transversales.
S. *granulata*, 17 mill., grande espèce propre au midi,
d'un noir assez brillant, corselet presque lisse au milieu,
ponctué sur les bords, élytres à carènes presque effacées, l'externe plus saillante, les intervalles finement
ponctués, avec de plus gros points écartés.

Deux autres espèces se distinguent par le corselet
arrondi en avant et par les antennes à peine épaissies ;
ce sont : S. *atrata*, 12 mill., d'un noir luisant, assez
déprimé, presque rugueusement ponctué, élytres fortement rebordées sur les côtés et à carènes saillantes.
S. *lœvigata*, 12 mill., d'un beau noir, très-convexe, à
ponctuation assez fine et serrée.

Les **Agyrtes** se distinguent par le corps plus étroit,
plus convexe, les élytres sans côtes, à peine rebordées
et à stries ponctuées ; les antennes sont courtes, épaissies
vers l'extrémité ; les pattes sont robustes et les jambes
finement épineuses. Des deux espèces, qui ne dépassent pas 4 ou 5 mill., l'une est d'un brun foncé avec
les élytres rougeâtres, A. *castaneus*, et l'autre est
noire avec les pattes rougeâtres, A. *bicolor*.

Les **Choleva** ou *Catops* sont de petits insectes à antennes longues et grêles, à dernier article des palpes
très-aigu ; ils sont extrêmement agiles, et on les trouve
ordinairement sous les feuilles mortes, sous les mousses,
dans les champignons ou même sous les cadavres des
petits animaux. Leurs espèces, assez nombreuses, sont
difficiles à distinguer ; leur coloration ne varie que du
roux foncé au brun noir et leur corps est souvent couvert d'une pruinosité légère qui disparaît rapidement.

Nous citerons parmi les espèces à corps allongé : *C. an-gustata*, 4 à 5 mill., d'un brun foncé avec les pattes et les antennes d'un brun roux, le corselet un peu rétréci en arrière, les élytres légèrement striées, très-finement ponctuées ; *C. cisteloïdes*, plus brun, antennes rembrunies à l'extrémité, corselet également rétréci en avant et en arrière.

Les espèces à corps ovalaire, à antennes plus courtes et plus épaisses, à mésosternum non caréné, sont plus nombreuses. *C. picipes*, 5 mill., convexe, noir, densé-ment et finement ponctué, corselet large, très-arrondi sur les côtés, élytres à stries faibles en avant, plus pro-fondes en arrière ; abdomen et pattes bruns, jambes d'un brun-roux. *C. fusca*, 4 mill., en ovale court, d'un brun foncé, densément ponctué, corselet pas plus large au milieu qu'à la base, angles postérieurs pointus, élytres un peu acuminées, à stries visibles en arrière, très-faibles en avant. *C. sericea*, 2 mill., ovalaire, un peu déprimé en dessus, d'un brun foncé, très-soyeux, corselet un peu plus large que long, à peine rétréci en avant, finement striolé en travers, angles postérieurs pointus, saillants en arrière ; très-commun.

On peut ranger ici les **Scaphidium**, insectes à corps épais, lisse, à abdomen conique, dépassant les élytres, à antennes en massue, à pattes assez grandes, inermes, avec les jambes postérieures arquées, et qui vivent dans les champignons. *S. immaculatum*, 5 mill., en-tièrement d'un noir luisant. *S. quadrimaculatum*, noir brillant, avec 2 taches rouges sur chaque élytre.

Enfin, le g. **Liodes** présente un faciès très-différent de celui des autres Silphoïdes ; le corps est globuleux,

la tête est large et se renverse en dessous quand
l'animal se contracte; les antennes se terminent par une
massue allongée de 5 articles, le 2ᵉ très-petit; les pattes
sont courtes, les jambes finement épineuses et les tarses
postérieurs n'ont que 4 articles. Ces insectes sont très-
brillants et vivent soit sous les écorces soulevées, soit
dans les vieux fagots, soit dans des champignons ligneux, au milieu desquels ils paraissent comme de
petits globules animés. *L. humeralis*, 3 mill., noir,
dessous, pattes et côtés du corselet brunâtres, une grande
tache rouge à chaque épaule; élytres finement pontuées,
à stries géminées. *L. orbicularis*, 2 mill., moins court
et plus convexe, entièrement noir, stries des élytres non
géminées.

3

FAMILLE DES HISTÉRIDES

Ce sont des insectes courts, presque carrés, épais, de consistance très-dure, à coloration d'un noir brillant, parfois bronzée; leur tête, armée de mandibules robustes et saillantes, est rétractile, ainsi que les antennes, qui sont courtes, coudées, avec le 1er article allongé et la massue courte, solide; leur corselet, aussi large que les élytres, s'applique étroitement contre elles; ces dernières, ordinairement striées, laissent à découvert les 2 derniers segments de l'abdomen, le pygidium est perpendiculaire, le prosternum est large, saillant, les pattes sont contractiles, les jambes antérieures sont dentées, les tarses sont de 5 articles.

Ces insectes, connus vulgairement sous le nom d'Escarbots, vivent dans les matières animales en putréfaction; quelques-uns sont carnassiers et vivent sous les écorces, où ils font la chasse aux *Acarus* et à d'autres insectes plus petits qu'eux.

Chez les uns, le prosternum est muni en avant d'une mentonnière qui cache la tête en dessous. Les **Platysoma** ont le corps parallèle, oblong, déprimé en dessus, et leurs jambes postérieures n'offrent en dehors qu'une seule rangée de denticules; ils vivent sous les écorces des chênes et des pins, parfois en familles assez nombreuses. *P. oblongum*, 4 mill., d'un noir luisant, deux fois aussi long que large, élytres striées, les 2 stries dorsales atteignant presque le milieu; commun sur les

pins, dans la forêt de Fontainebleau, des Landes, les
Alpes, etc. *P. depressum*, 3 1/2 mill., de moitié seulement plus long que large, strie suturale nulle, la seconde nulle ou très-courte ; sous les écorces des chênes
morts.

Les **Hister** ont le corps carré ou ovalaire, court,
convexe, et leurs jambes postérieures ont un double
rang d'épines en dehors ; leurs espèces sont assez nombreuses, mais se reconnaissent assez facilement à la disposition des stries des élytres et d'une ou deux stries
qui longent les bords latéraux du corselet. Les uns ont
2 stries latérales au corselet et des taches d'un rouge
obscur sur les élytres : *H. quadrinotatus*, 8 mill.,
ovalaire, court, stries du corselet atteignant la base,
élytres à 3 stries externes, les 3 internes manquent,
une tache à l'épaule rejoignant souvent celle du
disque. *H. quadrimaculatus*, 9 à 12 mill., oblong,
presque parallèle, strie externe du corselet atteignant à
peine le milieu, élytres ayant une grande tache rouge
en lunule, formant parfois 2 taches séparées, labre
entier, mandibules rapprochées à la base. D'autres ont
les élytres sans taches : *H. major*, 10 à 13 mill., stries
latérales du corselet entières, côtés garnis de poils
fauves serrés, stries des élytres fines, les dorsales courtes
ou nulles, front large, mandibules écartées à la base ;
commun dans le midi. *H. unicolor*, 8 à 10 mill., ovalaire, court, front impressionné, labre entier, corselet
fortement rétréci en avant, strie latérale externe très-
courte, l'interne presque entière, stries des élytres crénelées, les 3 externes entières, les autres courtes,
propygidium ayant 2 impressions. *H. cadaverinus*,

6 à 9 mill., ovalaire, labre entier, front plan, les 4 stries externes des élytres entières, les 2 autres courtes; jambes antérieures à 5 dents. — Les autres n'ont qu'une strie latérale au corselet: *H. sinuatus*, 7 mill., ressemble au *quadrimaculatus*, mais moins carré, a également sur chaque élytre une grande tache rouge en forme de lunule. *H. carbonarius*, 5 mill., ovalaire, labre entier, front plan, les 4 stries externes des élytres entières, la 5e très-courte, la suturale un peu plus longue; jambes antérieures à 5 dents. *H. purpurascens*, 4 mill., élytres ayant au milieu une tache d'un rouge obscur qui envahit parfois tout le disque, les 3 stries externes entières, la 4e atteignant presque la base, des 2 autres plus courtes. *H. stercorarius*, 5 mill., entièrement noir, pattes brunes, élytres à 3 stries externes entières, ainsi que la suturale, les 2e et 3e très-courtes. *H. bimaculatus*, 6 mill., presque parallèle, élytres profondément striées, la suturale courte, angle externe-apical occupé par une grande tache rouge; jambes antérieures à 4 dents.

Les **Dendrophilus** ont le corps ovalaire, bombé, noir ou brun, très-ponctué; le corselet, rétréci en avant, n'offre qu'une strie latérale; les élytres sont rebordées, larges, plus longues que chez les *Hister*, et leurs stries sont légèrement arquées; les jambes sont larges, angulées au milieu et denticulées. *D. punctatus*, 3 mill., d'un brun assez brillant, densément ponctué, élytres ayant les 2 premières stries dorsales entières, les 3e et 4e très-fines; dans les pigeonniers, les fourmilières. *D. pygmæus*, 2 1/2 mill., d'un brun de poix, parfois

roussâtre, mat, stries des élytres fines, les 4 premières
bien marquées, mais effacées en arrière, accompagnées
d'une petite ligne saillante, visible seulement à un certain jour; commun dans les fourmilières.
— Chez les autres, cette mentonnière n'existe pas. Les
Saprinus diffèrent en outre des *Hister* par leur corps
plus épais, presque toujours d'un bronzé métallique
et presque toujours densément ponctué avec des espaces
lisses; les stries de leurs élytres sont courtes et
obliques; leurs jambes antérieures sont plus finement
denticulées et souvent seulement épineuses; ils vivent,
comme les *Hister*, dans les matières animales, mais on
les trouve aussi enterrés dans les sables, au bord de la
mer, sous les algues, dans les plaies des arbres, dans
les fourmilières. Le front est uni, sans carène transversale, chez les espèces suivantes : *S. maculatus*,
7 mill., d'un noir luisant, front rugueusement ponctué ainsi que les côtés du corselet, élytres ponctuées au
milieu, rouges, avec le pourtour, une tache humérale et
une subscutellaire bilobée, noirs; Fr. mér. *S. semipunctatus*, 8 mill., d'un vert bleuâtre très-brillant, corselet
rugueux sur les bords, élytres peu densément ponctuées en arrière et sur les côtés; Fr. mér. *S. nitidulus*,
6 mill., d'un noir métallique brillant, finement ponctué, corselet ayant une fossette derrière les yeux,
élytres lisses au milieu et à la base, à stries ponctuées,
la suturale presque nulle; très-commun partout. La
strie suturale, chez les espèces précédentes, n'est pas
réunie à la 4e dorsale par un arc basilaire, comme on
le voit chez les suivantes : *S. æneus*, 4 mill., noir
métallique, corselet ponctué rugueusement et lar-

gement sur les côtés; élytres largement ponctuées en arrière et sur les côtés, avec une plaque lisse subscutellaire, stries bien marquées; commun dans les bouses, les charognes, etc. *S. chalcites*, 2 à 3 1/2 mill., d'un brun bronzé, métallique, antennes, pattes et extrémité des élytres roussâtres, corselet fortement ponctué à la base et sur les côtés, élytres moins densément ponctuées en arrière et sur les côtés; 1er intervalle des stries dorsales ponctué et ridé. Fr. mér. *S. rotundatus*, 3 1/2 mill., d'un brun noir luisant, corselet ponctué plus fortement sur les bords, élytres à ponctuation couvrant les 2/3 postérieurs, strie suturale courte; sous les écorces, dans les plaies des arbres, quelquefois aussi dans les excréments.

Le front est séparé de l'épistôme par une carène transversale chez le *S. rugifrons*; 4 mill., d'un vert métallique, brillant, parfois noir; front bordé en avant par une strie et une ligne élevée, ayant au milieu deux plis bien marqués; corselet rugueusement ponctué, lisse sur la partie postérieure du disque; élytres assez fortement ponctuées sur la moitié postérieure, jambes antérieures à 6 denticules; dans le sable, au bord de la mer.

FAMILLE DES NITIDULIDES.

Les Nitidulides sont des Histérides moins épais, moins courts, à mandibules moins saillantes et à hanches antérieures moins proéminentes; leurs antennes sont de 11 articles et non de 12 comme chez les Histérides; leur tête est un peu en forme de museau, presque toujours à moitié enfoncée dans le corselet, qui est à peu près aussi large que les élytres; enfin l'abdomen est plus allongé, plus mobile. Une partie de cette famille vit aussi dans les matières animales en décomposition, mais le plus grand nombre habite les fleurs, où l'on voit souvent ces petits insectes, roux ou bronzés, réunis en familles nombreuses, notamment sur les sureaux, les ombellifères, les labiées, les spirées; quelques autres vivent sous les écorces d'arbres.

A. Tête presque rentrée dans le corselet, corps plus ou moins ovalaire, plus ou moins convexe.

Les élytres laissent à découvert l'extrémité de l'abdomen chez les genres suivants : **Cercus**, corps ovalaire, antennes à 1er article assez gros, les 3 derniers formant une massue oblongue, corselet transversal, à angles postérieurs arrondis, obtus ou droits; 2e et 3e segments de l'abdomen très-petits; jambes à épines terminales très-petites; *C. pedicularius*, 2 mill., d'un roux assez clair, une tache scutellaire obscure, densément ponctué, antennes assez longues, les 2 premiers articles grands et élargis chez les mâles, angles postérieurs du corselet arrondis. *C. sambuci*, 2 mill., d'un fauve clair, finement ponctué, corselet à angles postérieurs droits, yeux, poitrine et abdomen noirs; commun sur les sureaux. *C. rufilabris*, 1 1/2 mill., densément ponctué, d'un brun foncé brillant, parfois rougeâtre, antennes, pattes, bouche et bord apical des élytres d'un fauve rougeâtre; corselet rétréci en avant; angles postérieurs obtus; commun sur les joncs, au bord des mares.

Carpophilus, corps carré ou oblong, médiocrement convexe, élytres tronquées, laissant à découvert 2 segments de l'abdomen. *C. hemipterus*, 3 mill., presque carré, d'un brun noir très-ponctué, avec les pattes, une petite tache humérale et une grande tache à l'extrémité des élytres, sur la suture, d'un jaune roussâtre; dans les figues sèches, où l'on trouve souvent les excréments laissés par sa larve; quelquefois dans les pelleteries, les os secs. *C. sexpustulatus*, allongé, parallèle, déprimé, finement ponctué, d'un brun noir, brillant, chaque élytre ayant 3 taches roussâtres, mal arrêtées, qui souvent se rejoignent; commun sous les écorces de chêne.

Epuræa, corps oblong, très-peu convexe, assez rebordé sur les côtés; labre presque bilobé, élytres ne laissant à découvert que l'extrémité de l'abdomen, les 3 premiers articles des tarses élargis; vivent presque tous sur les fleurs; leur coloration est d'un fauve uniforme, rarement taché. *E. florea*, 2 mill., d'un jaune clair, finement ponctuée, bord antérieur du corselet non échancré; très-commune. *E. decemguttata*,

4 mill., brune, avec 5 taches fauves sur chaque élytre;
sous les écorces des arbres. *E. melanocephala*, 2 1/2
mill., courte, bords latéraux du corselet non marginés,
d'un brun roussâtre, plus clair sur les élytres, quelquefois entièrement roussâtre avec la tête noirâtre.

Nitidula, corps assez court, assez convexe, antennes à massue courte, corselet rebordé, rétréci en
avant, labre à peine sinué au bord antérieur, jambes
ciliées en dehors; ces insectes vivent dans les matières
animales à moitié desséchées, dans les vieux os, les
vieux cuirs. *N. obscura*, 3 à 4 mill., noir presque
mat, à ponctuation extrêmement fine, base des antennes et pattes rousses. *N. bipustulata*, 4 1/2 mill.,
noire ou d'un brun noir mate, avec une grande
tache jaune d'ocre au milieu de chaque élytre, pattes et
bords latéraux du corselet roussâtres. *N. quadripus-
tulata*, 2 1/2 mill., plus oblongue, plus parallèle,
presque rugueusement ponctuée, d'un brun noir,
élytres ayant chacune 2 taches d'un jaune d'ocre.

Les élytres recouvrent presque complétement l'abdomen chez les genres suivants : **Meligethes**, corps
oblong, ovalaire, médiocrement convexe, tête en forme
de museau très-court, antennes courtes, terminées par
une massue presque arrondie, corselet et élytres finement rebordés, unis, les dernières presque arrondies à
l'extrémité ; ces insectes vivent en famille sur les fleurs
de diverses plantes; leurs espèces, très-nombreuses,
sont difficiles à distinguer. *M. æneus*, 2 mill., d'un
vert bronzé ou bleuâtre, pattes d'un brun foncé, corselet à peine rétréci en avant, jambes antérieures à
dents égales; très-commun partout. *M. rufipes*, 3 mill.,

plus court et plus convexe, d'un brun noir, à pubescence grise, pattes rousses.

Pocadius, corps brièvement ovalaire, très-convexe, antennes courtes, à massue ovalaire, un peu comprimée; corselet et élytres rebordés notablement, ces dernières arrondies à l'extrémité, striées et ponctuées. *P. ferrugineus*, 4 à 5 mill., roussâtre ou d'un brun jaunâtre, assez brillant, à villosité fauve assez fine, élytres à stries ponctuées, s'effaçant vers l'extrémité, qui est ordinairement plus foncée; dans les Lycoperdons ou vesses-de-loups, et souvent aussi dans les autres champignons.

Cychramus, même forme, plus convexe, tête plus large, plus inclinée en dessous, surface unie, très-finement ponctuée, antennes à massue oblongue, peu serrée, comprimée. Ces insectes ont le corps roussâtre, très-finement ponctué et se trouvent aussi sur les champignons, plus rarement sur les fleurs. *C. luteus*, 4 à 5 mill., d'un jaune roussâtre assez pâle, à pubescence jaune très-fine, très-commun. *C. quadripunctatus*, 5 à 6 mill., d'un brun rougeâtre ou roussâtre, à pubescence grise, 4 points noirs sur le corselet et une bande noire le long du bord externe des élytres; dans l'est de la France.

B. Tête saillante, corps allongé, déprimé en dessus.

Les **Rhizophagus** ont le corps étroit, presque parallèle, déprimé en dessus, les antennes courtes, terminées par une petite massue de 2 articles, le corselet presque carré, l'extrémité de l'abdomen découverte; ils vivent sons les écorces où ils font une guerre acharnée à plusieurs espèces de Bostriches. *R. depressus*, 4 mill., roussâtre, brillant, corselet à peine rétréci en arrière, finement ponctué, élytres ayant le 1er intervalle des stries, vers la suture, avec une rangée de points fins, le 2e élargi en avant et irrégulièrement ponctué; très-commun. *R. bipustulatus*, 3 mill., d'un brun foncé, brillant, une tache rouge à l'extrémité de chaque élytre; commun.

Le g. **Trogosita** a le corps très-aplati; la tête grande, presque carrée, les antennes courtes, grossissant peu à peu vers l'extrémité, le corselet rétréci à la base, les élytres recouvrant tout l'abdomen. *T. mauritanica*, 8 à 10 mill., d'un brun noir brillant, finement ponctuée, élytres à stries ponctuées; la larve de cet insecte vit dans les greniers à blés, et on l'accuse, sous le nom de *Cadelle*, de faire des ravages dans les provisions de céréales; il est probable au contraire que cette larve fait la guerre aux autres insectes, comme les Teignes ou Alucites, les Calandres qui attaquent nos blés. L'insecte parfait, plus commun dans le Midi, se trouve dans les magasins, les greniers, et quelquefois sous les écorces d'arbres.

Les **Bitoma** ont le corps allongé, parallèle, un peu déprimé en dessus, les antennes terminées par une massue de 2 articles, le corselet presque carré, ayant de chaque côté 2 lignes élevées, les élytres sont arrondies à l'extrémité. *B. crenata*, 3 mill., noir, pattes et antennes rousses, 2 taches d'un rouge foncé sur les élytres qui ont des stries fortement ponctuées, avec les intervalles relevés; très-commun sous les écorces des chênes.

FAMILLE DES CRYPTOPHAGIDES.

Cette famille ne renferme que des coléoptères de très-petite taille, recherchant l'obscurité généralement et répandus dans les caves, les celliers, sous les débris végétaux, dans l'intérieur des champignons. Leur tête est en forme de museau court, obtus, leurs antennes, de 11 articles, sont terminées par une massue de 3, leur corselet, aussi large que les élytres, est souvent angulé sur les côtés, leurs élytres recouvrent entièrement l'abdomen, leurs tarses sont de 5 articles; mais les postérieurs ne présentent souvent que 4 articles chez les mâles.

Les **Silvanus** sont allongés, déprimés, presque parallèles, leur tête est assez saillante, plus ou moins rétrécie en arrière, le corselet est oblong, armé presque toujours d'une ou plusieurs épines, ou seulement finement crénelé, les élytres sont longues, parallèles, arrondies à l'extrémité, le 1er article des tarses est presque aussi long que les 2 suivants réunis. S. *frumentarius*, 3 mill., brun, finement pubescent, corselet ayant 6 petites dents de chaque côté, corselet très-densément ponctué avec 2 sillons profonds, élytres à stries ponctuées régulières, les intervalles relevés alternativement; commun dans les magasins, les greniers. S. *unidentatus*, 2 1/2 mill., roussâtre, corselet rétréci à la base, uni, n'ayant qu'une épine aux angles antérieurs, élytres à stries ponctuées, les intervalles un peu convexes alternativement; dans les vieux fagots, sous les écorces, assez commun.

Les **Cryptophagus** sont oblongs, assez épais et assez convexes, leur tête est assez large et obtuse, les antennes sont assez courtes, assez robustes, terminées par une massue de 2 ou 3 articles, le corselet un peu transversal, présente sur le milieu des côtés un angle saillant et aux angles antérieurs une dent plus ou moins aiguë. Ces insectes, nombreux en espèces, vivent dans les celliers, les caves, les matières végétales en décomposition, les champignons, etc. *C. lycoperdi*, 3 mill., d'un roussâtre foncé, couverts de poils grisâtres, fortement ponctué, corselet ayant 4 petites élévations; commun dans les lycoperdons ou vesses-de-loups. *C. acutangulus*, 3 mill., d'un roussâtre clair, peu convexe, finement ponctué, pubescent, corselet court un peu plissé au-devant de l'écusson, avec les angles antérieurs prolongés en une forte dent très-aiguë, arquée en arrière. *C. cellaris*, 2 à 2 1/2 mill., d'un roussâtre obscur, finement ponctué, corselet velu, à angles antérieurs peu saillants, élytres ayant des rangées de longs poils; commun dans les caves, sur les tonneaux.

Les **Atomaria** ont le corps oblong ou ovalaire, plus ou moins convexe, leur antennes sont insérées entre les yeux, plus rapprochées à la base, terminées également par une massue de 2 ou 3 articles, le corselet est rétréci en avant, denté sur les côtés, mais ayant souvent une impression transversale à la base; elles vivent dans les débris végétaux, sous les bois humides, dans les caves. On trouve souvent sur les tonneaux, en compagnie du *Cryptophagus cellaris* l'*A. mesomelas*, 1 1/2 mill., ovalaire, rétrécie en arrière, convexe, d'un brun foncé très-brillant, avec la moitié postérieure des élytres d'un jaune clair.

On trouve dans les mêmes conditions la **Mycetæa hirta**, qui ressemble à une *Atomaria* fauve, hérissée de petits poils raides ; les antennes sont terminées par une massue lâche, de 3 articles, le corselet, rétréci en avant, présente à sa base une impression transversale limitée de chaque côté par une ligne longitudinale, les élytres sont rétrécies en arrière, à lignes de points bien marquées ; cet insecte, de 1 1/2 mill., vit surtout dans les petites moisissures des murs et des tonneaux, dans les caves.

FAMILLE DES DERMESTIDES.

Comme dans les familles précédentes, les Dermestides ont des antennes terminées par une massue tantôt oblongue, tantôt arrondie ; mais ici les élytres enveloppent les côtés de l'abdomen ; la tête, à peine saillante, rentre dans le corselet à la moindre alerte, et en même temps les pattes s'appliquent contre le corps, de sorte que l'insecte paraît contrefaire le mort. Les uns vivent aux dépens des matières animales soit conservées, soit en putréfaction ; les autres vivent sous les mousses, dans le sable, etc.

A. Hanches antérieures saillantes ; insectes vivant dans les matières animales.

Les **Dermestes** sont bien connus par les dégâts qu'ils causent à nos pelleteries, à nos provisions de viandes salées, à nos collections d'histoire naturelle, à l'état de larves ; ces dernières sont remarquables par les longues touffes de poils qui terminent l'abdomen. Leur corps est oblong, très-convexe ; leur tête est perpendiculaire et ne présente pas, au milieu du front, un ocelle ou point brillant qu'on remarque chez les genres suivants ; leur corps est couvert, en-dessous, d'un duvet soyeux, très-serré, blanc ou cendré, tacheté de brun, rarement roussâtre. D. *lardarius*, 7 mill., noir, avec quelques poils cendrés sur le disque du corselet, moitié antérieure des élytres d'un roussâtre clair, avec

3 points noirs sur chacune ; trop commun dans nos maisons ; la larve attaque le lard et les collections. *D. Frischii*, 7 mill., noir, à poils roussâtres sur la tête, côtés du corselet d'un gris cendré, écusson d'un gris roussâtre, élytres à pubescence cendrée très-rare, pattes noires avec un anneau de poils blancs à la base des cuisses ; très-commun. *D. vulpinus*, 7 mill., même forme et même coloration que le précédent, mais élytres terminées par une petite épine à la suture ; beaucoup plus rare. *D. laniarius*, 7 mill., noir, à très-fine pubescence grise, écusson à poils blanchâtres, dessous blanc avec 4 rangées de points noirs, corselet plus convexe que chez les autres ; très-commun. *D. undulatus*, 6 mill., noir, parsemé de taches pubescentes rousses sur le corselet, grises sur les élytres, dernier segment de l'abdomen noir, avec 2 points blancs ; dans les petits cadavres à moitié desséchés. *D. murinus*, 6 à 8 mill., épais, noir, couvert d'une fine pubescence formant de petites taches d'un gris un peu bleuâtre, écusson d'un brun roux ; dessous d'un gris-blanc satiné, avec des points noirs sur les côtés, dernier segment noir, avec 3 points blancs ; assez rare.

Les **Attagenus**, comme les genres suivants, ont un ocelle au milieu du front ; le corps est moins convexe, le dernier article des antennes est très-allongé ; les mœurs sont à peu près les mêmes, en ce qui concerne les larves, mais l'insecte parfait se trouve presque toujours sur les fleurs. *A. pellio*, 5 mill., d'un brun noir brillant, corselet ayant une très-petite tache blanchâtre aux angles postérieurs, un point blanc au milieu de chaque élytre ; très-commun dans les maisons, au premier printemps, et sur les fleurs; sa larve fait beaucoup de tort aux pelleteries; elle est allongée, d'un brun roussâtre soyeux, atténuée en arrière, hérissée de quelques poils roux et terminée par 2 faisceaux allongés; elle est très-agile quand on la touche. *A. vigintiguttatus*, 4 mill., d'un noir profond, parsemé de petits points blancs nombreux; sur les aubépines. *A. undatus*, 4 mill., noir, pubescent, corselet ayant une petite tache blanche aux angles postérieurs et au milieu de la base, élytres ayant deux bandes blanches, ondulées, transversales; sous les écorces d'arbres, sur les fleurs; rare dans les maisons.

Les **Anthrenus**, non moins dangereux que les Dermestes et les Attagènes, en diffèrent par le corps en ovale, très-court, assez épais, mais déprimé en dessus, par le corselet ayant une fossette aux angles antérieurs et le bord postérieur prolongé au milieu, de manière à recouvrir à peu près complétement l'écusson; leur coloration est due à de petites écailles farineuses, qui s'effacent très-facilement. Les anthrènes, à l'état parfait, se tiennent sur les fleurs, mais à l'état de larve, elles habitent nos maisons et ravagent les draps, les pelleteries et les collections d'histoire naturelle, dont elles sont le véritable fléau. Ces larves sont ovalaires, assez molles, brunâtres en dessus, d'un blanc sale en dessous, et hérissées de poils érectiles qui forment des bandes transversales sur le dos et deux faisceaux courts, obliques, à l'extrémité. *A. muscœorum*, 2 1/2 à 3 mill., noir, couvert d'écailles d'un jaune roussâtre, avec 3 bandes transversales d'un blanc grisâtre sur les élytres, la première interrompue

en 3 taches, la deuxième en zig-zag, la troisième en
croissant, quelques taches grisâtres sur les côtés du
corselet; trop commun dans les maisons. *A. pimpi-
nellæ*, 3 1/2 mill., noir, avec la tête et le corselet tachetés de roux et de blanc; élytres ayant à la base une
large bande transversale blanche, puis 2 points de
même couleur, suture rouge à l'extrémité, ainsi que
la base des élytres; dessous d'un blanc grisâtre, tacheté de blanc; commun sur les fleurs d'ombellifères.

B. Hanches antérieures transversales, non sail-
　　lantes; insectes vivant sous les mousses, sous les
　　pierres ou au pied des arbres.

Le g. **Nosodendron** est facile à reconnaître à son
corps très-convexe, en ovale très-court et couvert de
petites touffes de poils hérissés; la tête est un peu
avancée, les antennes sont terminées par une brusque
massue de 3 articles, les jambes antérieures sont
sinuées et les tarses antérieurs sont seuls rétractiles.
N. fasciculare, 4 mill., d'un noir assez brillant,
presque lisse sur la tête et le corselet; élytres fortement
ponctuées, ayant chacune 5 rangées de faisceaux de
poils roussâtres; dans les plaies des marronniers, des
chênes et des ormes.

Les **Byrrhus** sont ovalaires, courts, très-bombés
en-dessus, presque plats en-dessous, leur tête est penchée, enfoncée jusqu'aux yeux dans le corselet, et
quand elle se rétracte, on ne peut la voir en regardant
l'insecte par dessus, le prosternum forme en avant une
large lame presque arrondie; les antennes sont courtes,
terminées par une massue allongée de 5 articles, les

pattes sont courtes, larges, comprimées, les tarses sont
courts et tous rétractiles. Ces insectes, très-timides,
vivent dans les endroits sablonneux, à terre, sous les
pierres et les mousses. *B. pilula*, 8 à 9 mill., noir ou
brun, couvert d'un duvet soyeux, serré, écusson noir,
élytres finement striées, ayant chacune 3 bandes de taches d'un velouté noirâtre; très-commun sur les routes,
dans les sables. *B. dorsalis*, 7 mill., plus court, plus
atténué aux deux extrémités, pubescence du corselet
variée de fauve et de noir, celle des élytres brune avec
des taches noires sur les intervalles alternes et une
large tâche transversale sur le milieu de la suture, d'un
jaune roux ou grisâtre, avec un petit liséré blanchâtre.
B. varius, 4 mill., presque globuleux, d'un noir
bronzé, pubescent, corselet d'un brun roussâtre,
l'écusson noir, élytres vertes ou bronzées, ayant chacune
4 ou 5 bandes d'un vert brillant, souvent interrompues
par des taches d'un noir velouté; dans les endroits
sablonneux.

À la suite des *Byrrhus*, on peut ranger quelques
insectes vivant sous l'eau ou enterrés dans la vase, dont
les antennes s'épaississent plus ou moins à l'extrémité,
et dont la tête est aussi courte et presque rentrée dans
le corselet; leurs pattes sont bien moins contractiles et
sont remarquables par la longueur des tarses terminés
par deux forts crochets.

Les **Georyssus** se rapprochent assez des *Byrrhus*
par leur forme courte, presque globuleuse; mais leurs
antennes n'ont que 9 articles, sont terminées par une
massue globuleuse, le corselet est très-rétréci en avant;
les élytres sont courtes, convexes, marquées de gros

points ou de côtes ; ils vivent enterrés dans le sable ou
la vase humide et ne sortent que lorsqu'on piétine
fortement le sol ; aussi apparaissent-ils souvent avec
une petite motte de terre sur le dos. *G. pygmœus*,
2 mill., d'un noir médiocrement brillant, antennes et
pattes brunes, 3 ou 4 lignes de très-gros points enfoncés
sur chaque élytre; commun au bord des eaux courantes
ou stagnantes. *G. lœsicollis*, 1 1/2 mill., plus petit que
le précédent, 3 grandes fossettes sur le corselet.

Les **Elmis** ont le corselet plus étroit que les élytres,
leurs antennes grossissent faiblement vers l'extrémité,
le corselet est rebordé, souvent strié sur les côtés, les
élytres sont striées-ponctuées, les pattes sont grandes,
le dernier article des tarses est aussi long que les précédents et armé de forts crochets. Leur coloration est
presque toujours d'un bronze foncé ou noirâtre. Ces
insectes, de petite taille, vivent accrochés aux pierres
submergées, auxquelles ils peuvent se tenir fortement attachés, à raison de la conformation de leurs
tarses. Quand on retire de l'eau d'un ruisseau une pierre
ayant quelques cavités, et qu'on la laisse égoutter un
instant, on voit d'abord les petites sangsues se retirer
rapidement, ainsi que les crevettes d'eau douce ; puis
quelques palpicornes se traînent plus ou moins pénible-
ment et après eux les *Elmis* commencent à se remuer
un peu ; mais ce n'est que lorsque la pierre commence
à sécher que ces insectes prennent leur parti et se dé-
cident à quitter leur retraite. *E. Volkmari*, 3 1/2
mill., d'un noir bronzé assez brillant, corselet uni,
ayant de chaque côté une ligne élevée un peu arquée,
élytres à stries fortement ponctuées, tarses rous-

sâtres. *E. tuberculatus*, 2 mill., même forme, mais moins convexe, plus parallèle, corselet uni, ayant également 2 lignes latérales, élytres à lignes ponctuées, ayant à la base 2 petits tubercules arrondis. *E. œneus*, 2 mill., noir, un peu bronzé, antennes et pattes un peu rougeâtres, corselet ayant 2 lignes latérales avec une impression transversale à la base, disque convexe, élytres à stries fortement ponctuées, intervalle externe relevé en côte, très-commun partout.

Les **Macronychus** ne diffèrent guère des *Elmis* que par les antennes qui sont très-courtes, de 6 articles seulement au lieu de onze, leurs pattes sont encore plus longues et plus robustes. *M. quadrituberculatus*, 3 1/2 mill., oblong, d'un noir fortement bronzé, corselet ayant à la base de petits tubercules placés transversalement, élytres à stries ponctuées, carénées sur le bord, ayant à la base 2 tubercules arrondis près de l'écusson; commun dans le sud-ouest de la France; dans les plis des écorces des troncs d'arbres roulés par les torrents; plus rares dans le centre.

FAMILLE DES LAMELLICORNES
OU SCARABÉIDES.

Cette famille renferme les plus grands coléoptères de nos pays ; elle est caractérisée par la forme des antennes qui sont assez courtes, coudées et terminées par une massue de lamelles plus ou moins serrées ; elle se partage très naturellement en deux groupes, les Lucanides et les Scarabéides ; tous ont cinq articles aux tarses.

Les Lucanides ont les antennes plus longues, à 1er article très-développé, les derniers formant une massue très-lâche ; leur tête est proportionnellement très-grande et leurs mandibules prennent d'ordinaire chez les mâles un grand développement. Malgré cet appareil un peu effrayant, ces insectes sont fort innocents et se contentent de sucer les liquides qui suintent des arbres ; leur languette allongée en forme de pinceau soyeux leur facilite ce genre de vie.

Le type de ce groupe est le genre Lucane ; tout le monde connaît le cerf-volant, **Lucanus** *cervus*, grand insecte dont la taille varie de 30 à 50 mill. ; la tête des mâles, armée d'énormes mandibules, est aussi large ou même plus large que le corselet, relevée sur les côtés ; les yeux sont petits et coupés en deux par les joues ; la tête et les mandibules des mâles varient extrêmement selon la taille ; chez les femelles, la tête est beaucoup plus petite, très-rugueuse, les mandibules sont petites et pointues.

Chez le **Dorcus** *parallelipipedus*, 20 mill., la tête est carrée et aussi large que le corselet dans les deux sexes, et les mandibules sont seulement un peu plus développées chez les mâles; cet insecte est parallèle, assez déprimé, d'un noir peu brillant et fortement ponctué.

Le g. **Platycerus** a la tête assez petite, les mandibules courtes et épaisses, le corselet transversal, arrondi sur les côtés; le *P. caraboïdes*, 10 à 15 mill., est d'un bleu d'acier passant au verdâtre; finement ponctué, avec les élytres un peu rugueuses; les pattes sont parfois rougeâtres.

Le g. **Sinodendron** diffère beaucoup des autres Lucanides; son corps est cylindrique, ses mandibules à peine saillantes; les yeux sont entiers et les mâles sont armés sur la tête d'une petite corne arquée; l'unique espèce, *S. cylindricum*, 12 mill., est d'un noir brillant, avec les élytres striées et un peu rugueuses. Il se trouve dans les vieux arbres, dans le Nord et dans les montagnes.

Les Scarabéides ont les antennes courtes, insérées, comme chez les Lucanides, sous les côtés de la tête ou sous ses bords latéraux, et terminées par une massue à feuillets beaucoup plus serrés; le dernier segment de l'abdomen forme une sorte d'écusson perpendiculaire appelé pygidium, qui est presque toujours entièrement à découvert; les hanches antérieures sont rapprochées ou contiguës, les jambes sont généralement dentées et propres à fouir.

Pour se reconnaître au milieu des nombreux insectes qui composent ce groupe des Scarabéides, on peut les partager en plusieurs divisions, qui correspondent en général à leurs manières de vivre.

I. Coprophages (Copridiens). Insectes vivant dans les fumiers, les excréments, etc. Mandibules membraneuses, recouvertes par un chaperon en demi-cercle. Pygidium libre ou caché par les élytres. Antennes de 9 articles, rarement de 8.

En tête de cette division se placent les **Ateuchus**, les scarabées sacrés des anciens Egyptiens, au corps large, déprimé, aux yeux complétement divisés, au chaperon armé de 6 dents; les jambes antérieures sont fortement dentées et privées de tarses, mais les postérieures sont grêles, ciliées, terminées par un seul éperon et par des tarses comprimés, le pygidium est découvert. Ces insectes sont remarquables par les boules qu'ils façonnent avec les excréments, afin d'y déposer leurs œufs. On ne les trouve que dans le midi de la France; cependant l'*A. laticollis* remonte jusqu'aux bords de la Loire. Tous sont de couleur noire et assez brillants. *A. sacer*, 25 à 30 mill., tout uni, deux petits tubercules sur la tête, élytres à peine distinctement ponctuées, avec six lignes peu enfoncées; cuisses postérieures inermes. *A. semipunctatus*, 20 à 30 mill., élytres comme celles du précédent, mais corselet parsemé de très-gros points; cuisses postérieures dentées. *A. laticollis*, 15 à 25 mill., plus brillant, corselet parsemé de gros points enfoncés, élytres ayant chacune 7 sillons enfoncés.

Les **Gymnopleurus** ont le corps moins large et

plus épais; les élytres sont fortement échancrées sur le côté, près des épaules; les yeux sont incomplétement divisés, le chaperon n'est pas dentelé, les jambes anté-rieures sont tridentées, les autres grêles, crénelées en dehors, les tarses sont grêles et courts; les mœurs sont les mêmes. *G. pilularius*, 10 à 15 mill., d'un noir mat, chaperon échancré, dessus très-finement rugueux, élytres à lignes peu visibles. *G. flagellatus*, 10 à 15 mill., noir, très-rugueux et inégal, élytres à 8 stries peu marquées, les intervalles inégaux, sculptés. Ces deux insectes sont propres au centre et au midi de la France.

Les **Sisyphus** sont bien facile sa reconnaître à leur corps très-épais, leur chaperon échancré, leurs antennes de 8 articles, et surtout à leurs élytres fortement ré-trécies en arrière et à leurs pattes postérieures longues, arquées, qui leur servent à traîner les boules de fiente où ils déposent leurs œufs. *S. Schœfferi*, 7 à 12 mill., noir mat, finement ponctué, élytres striées, cuisses postérieures unidentées. Dans les endroits sablonneux du centre et du midi.

Les **Copris** ou Bousiers ont aussi le corps très-épais et très-convexe, mais non rétréci en arrière; la tête est armée d'une corne, plus grande chez les mâles; leur chaperon est légèrement échancré en avant; les yeux sont incomplétement divisés, le corselet est grand, tronqué en avant et même tuberculé chez les mâles; l'écusson est invisible, les élytres sont striées, arron-dies en arrière, les pattes courtes et robustes, les jambes élargies à l'extrémité, à tarses courts, compri-més. On les trouve dans les crottins, les bouses, etc.

3*

C. lunaris, 15 à 25 mill., d'un noir vernissé; corne des mâles peu épaisse, presque droite; corselet fortement tronqué en avant, muni de chaque côté d'une forte dent conique; le milieu du disque sillonné; chez la femelle, la corne de la tête est courte, échancrée au sommet et même réduite à un simple tubercule, et la troncature du corselet est moins forte. *C. hispana*, 20 à 25 mill., diffère du précédent par sa forme plus large; la corne du mâle beaucoup plus grande et arquée; la troncature du corselet plus grande, plus concave, le bord supérieur étant relevé au milieu; les femelles ne diffèrent que par la corne courte, plus conique, et par la troncature du corselet moins forte. Cette dernière espèce ne se trouve que dans le midi de la France.

Les **Bubas**, qui sont également propres au midi, ne sont, pour ainsi dire, que des *Onitis* à écusson invisible et à tête armée de cornes chez les mâles; ils diffèrent des *Copris* par le corselet, dont le bord postérieur est lobé au milieu avec 2 fossettes, au lieu d'être tronqué et rebordé. Leur corps est très-épais, mais médiocrement convexe en dessus; la tête est armée de cornes assez courtes, un peu comprimées, arquées et divergentes; le corselet se prolonge en avant en un angle saillant au-dessus de la tête; le prosternum est saillant en arrière; les hanches intermédiaires sont fortement écartées. *B. bison*, 15 à 20 mill., d'un noir luisant; dessus de la tête muni de deux carènes transversales, la postérieure bicornue chez les mâles, seulement tuberculée chez les femelles; saillie du corselet pointue. *B. bubalus*, ne diffère du précédent que par les cornes de la tête un peu échancrées à l'extrémité, au lieu d'être pointues, et par le lobe saillant du corselet obtus ou même bidenté.

Les **Onitis** ont le corps très-épais, comprimé latéralement et peu convexe en dessus; la tête est inerme dans les deux sexes, arrondie chez les mâles, en ogive chez les femelles; le bord postérieur du corselet est un peu lobé et marqué de deux fossettes; l'écusson est visible; les élytres sont presque parallèles et presque tronquées, les pattes sont robustes, les pattes postérieures sont allongées et un peu arquées chez les mâles. *O. Olivieri*, 20 à 28 mill., d'un noir presque mat, tête munie de 3 carènes transversales et d'un tubercule peu saillant, bord antérieur échancré, surface du corps uni, élytres à peine striées, cuisses antérieures fortement dentées chez les mâles. *O. Jon*, 12 mill., de même couleur, plus mat, épistôme simplement sinué, corselet couvert de rugosités luisantes, dont deux sont propres aux bords de la Méditerranée.

Les **Onitlcellus** tiennent le milieu entre le genre précédent et le suivant; leur corps est allongé, médiocrement épais et peu convexe; les yeux sont complétement divisés; les antennes n'ont que 8 articles, le dernier article des palpes labiaux est indistinct; l'écusson est visible; leurs pattes sont assez courtes; le corselet est très-développé et les élytres sont assez courtes. *O. flavipes*, 8 à 10 mill., d'un jaunâtre pâle varié de grisâtre sur les élytres, avec le disque du corselet verdâtre, chaperon ayant 2 carènes. *O. pallipes*, 8 à 11 mill., d'un jaune pâle varié de brun verdâtre, élytres tachetées de gris et de blanchâtre; corselet ponctué avec des

petites plaques lisses, bronzées. Ce dernier est particulier au midi de la France.

Les **Onthophagus** ont au contraire le corps très-
court, peu convexe, les yeux incomplétement divisés et
l'écusson indistinct; leurs antennes ont 9 articles; la
tête est presque toujours armée de cornes chez les mâles;
le corselet est aussi grand que les élytres, qui sont très-
courtes et ne cachent guère le pygidium. *O. fracticor-
nis*, 6 à 10 mill., bronzé sur la tête et le corselet, élytres
d'un jaune roux, tachetées de noir; sur la tête une petite lame surmontée d'une corne grêle; *O. cœnobita*,
7 à 9 mill., tête et corselet cuivreux, élytres d'un jaunâtre assez clair, tachetées de noir; tête munie d'une
corne semblable, corselet impressionné en avant;
O. vacca, 7 à 12 mill., bronzé, avec l'épistôme noir,
élytres jaunâtres, tachetées de noir verdâtre; tête munie
d'une corne semblable chez les mâles, et de deux carènes, dont une souvent bicornue chez les femelles; *O.
taurus*, 7 à 12 mill., tout noir, tête des mâles portant
deux cornes grêles, longues, arquées en-dessus, très-variables du reste et réduites parfois à deux dents presque
droites; *O. nutans*, 7 à 10 mill., également tout noir, mais
à tête portant une lame surmontée d'une corne grêle;
O. furcatus, 4 à 5 mill., d'un brun noir médiocrement
brillant, avec l'extrémité des élytres fauve; tête des
mâles ayant 3 cornes droites, grêles; l'intermédiaire
courte. D'autres espèces ne présentent de cornes dans
aucun sexe; *O. Schreberi*, 5 à 7 mill., presque rond,
d'un noir brillant et deux grandes taches rouges sur
chaque élytre; le bord antérieur du corselet présente
4 tubercules plus ou moins marqués; *O. lemur*, 6 à

9 mill., bronzé, avec les élytres rousses, ayant en travers une bande transversale d'un brun bronzé, tête ayant 2 carènes, dont une formant lame; corselet ayant en avant 4 tubercules. Centre de la France, Alpes; *O. ovatus*, 4 à 5 mill., noir, assez brillant, un peu velu, épistome échancré, tête ayant 2 carènes, corselet fortement ponctué.

Les **Aphodius** forment un groupe bien distinct des genres précédents par le corps semi-cylindrique, les yeux à peine entamés par les joues; les élytres recouvrant presque complétement le pygidium; les jambes postérieures sont terminées par deux éperons au lieu d'un seul, et l'écusson, qui était nul ou très-petit, devient ici d'une grandeur normale. Ces insectes sont de taille médiocre ou même très-petite; ils vivent généralement dans les bouses, les matières stercorales, mais quelques-uns se trouvent enterrés dans le sable.

Les *Aphodius* proprement dits sont très-nombreux; le chaperon, assez grand, recouvre le labre et les mandibules; la portion supérieure des yeux est visible partiellement au repos; le corselet est uni ou seulement un peu impressionné en avant; les pattes sont assez courtes, les jambes antérieures tridentées. Les uns ont l'écusson très-allongé : *A. erraticus*, 6 à 8 mill., noir, élytres d'un jaune sale, rembrunies vers la suture; élytres à peine striées, les intervalles déprimés; le mâle a 3 petits tubercules sur la tête; très-commun. *A. scrutator*, 9 à 15 mill., le plus grand du groupe, noir, élytres, abdomen et une tache sur chaque côté du corselet rouges; élytres déprimées, à stries crénelées; sur la tête, trois petits tubercules, dont le médian plus saillant chez les mâles. *C. subterraneus*, 5 à 7 mill., noir, brillant ; tête à 3 tubercules ; élytres déprimées sur la suture, à stries crénelées, intervalles convexes ; corselet ayant, chez les mâles, une petite fossette en avant. *A. fossor*, 9 à 13 mill., noir, brillant, très convexe, élytres parfois brunes ou rougeâtres, peu fortement striées, assez courtes ; chaperon échancré, à 3 tubercules plus marqués chez les mâles ; une fossette sur le devant du corselet ; la femelle a le corselet ponctué seulement. *A. hæmorrhoidalis*, 4 à 5 mill., court, épais, élytres rougeâtres à l'extrémité et parfois à l'épaule ; tête à 3 tubercules plus marqués chez les mâles ; corselet ponctué, stries des élytres larges et profondes. Dans les espèces suivantes, l'écusson est petit : *A. scybalarius*, 5 à 7 mill., noir, élytres d'un jaune sale, avec une tache discoïdale brunâtre plus ou moins distincte ; chaperon à 3 tubercules ; une fossette sur le corselet ; intervalles des stries lisses. *A. fimetarius*, 6 à 8 mill., le plus commun de tous, noir, brillant, avec les élytres convexes, d'un beau rouge ; intervalles des stries finement ponctués ; 3 tubercules sur le chaperon. L'*A. fœtens*, bien plus rare, ne diffère du précédent que par l'abdomen et une tache aux angles antérieurs du corselet, rouges, et par les intervalles des stries lisses. *A. granarius*, 2 1/2 à 5 mill., assez court, noir, avec l'extrémité des élytres souvent brunâtre ; chaperon à 3 tubercules ; corselet à peine ponctué ; intervalles des stries lisses. *A. bimaculatus*, 5 à 6 mill., noir, avec une tache rouge aux épaules, oblong, peu convexe ; sur le chaperon 3 tubercules, et en avant un autre tubercule ; stries assez profondes,

intervalles lisses. *A. quadrimaculatus*, 2 à 3 mill.,
noir, élytres ayant chacune 2 grandes taches d'un
rouge brique ; 2 tubercules sur le vertex. *A. nitidulus*, 5 à 6 mill., noir, épistôme rougeâtre, corselet
noirâtre sur le disque, jaune sur les côtés, avec un
point noir, élytres fauves ; vertex trituberculé. *A. mer-
darius*, plus petit, suture noire, une tache pâle aux
angles antérieurs du corselet ; vertex un peu relevé.
A. inquinatus, 3 à 6 mill., noir, une tache fauve sur
les côtés du corselet ; élytres jaunâtres, une tache basilaire en carré allongé, près de l'épaule, quelques traits
parallèles, 3 points en travers au milieu, 3 autres points
en arrière, noirs ; ces dessins se réunissent souvent les
uns aux autres. *A. conspurcatus*, 5 à 6 mill., noir,
brillant, une tache brune de chaque côté de la tête, côtés
du corselet d'un jaune pâle, élytres finement striées,
les stries ponctuées, d'un jaune pâle, ayant chacune
7 points noirs rapprochés les uns des autres. *A. tessu-
latus*, 4 à 5 mill., coloration analogue, stries et suture
brunes, une tache latérale allongée, et 2 lignes arquées
de petites taches, partant l'une de la base des élytres,
l'autre de l'extrémité de la tache latérale, noires. *A.
sticticus*, 4 à 5 mill., noir, 2 taches sur le chaperon,
côtés du corselet et élytres jaunâtres, suture et stries
brunâtres, 2 lignes arquées de taches noires, dirigées
vers la suture, partant du milieu de la base et des
épaules. *A. consputus*, 4 à 5 mill., noir ; côtés de
l'épistôme et du corselet pâles, élytres pâles, avec une
grande tache obscure occupant le disque, intervalles
des stries pointillés. *A. prodromus*, 5 à 8 mill., même
coloration ; corselet lisse chez le mâle, ponctué chez la

femelle; élytres velues chez le mâle, glabres chez la femelle. A. rufipes, 12 à 13 mill., l'un des plus grands, peu convexe, brun, les pattes plus pâles, tête en demi-cercle, sans tubercules. A. luridus, 7 à 8 mill., noir, élytres jaunâtres, suture, stries et 7 traits allongés noirs; ces traits se réunissent parfois et envahissent même toute l'élytre. Enfin l'écusson est court et les élytres sont carénées chez l'A. testudinarius, 3 à 4 mill., noir, élytres variées de fauve et de brun, tête granuleuse, corselet fortement ponctué. A. porcatus, 3 mill., noir, chaperon échancré, corselet fortement ponctué, sillonné en arrière, stries des élytres pro-fondes.

Le pygidium est caché dans le genre précédent; il est découvert dans les g. **Rhyssemus** et **Pleuro-phorus;** le 1er a le corselet cilié tout autour, sil-lonné au milieu avec plusieurs sillons transversaux. R. asper, 3 à 4 mill., d'un noir mat, 4 sillons trans-versaux, séparés par des intervalles presque lisses, élytres à stries étroites, intervalles granuleux. Le 2e n'a pas le corselet cilié; P. cœsus, 3 mill., noir, allongé, corselet très-ponctué, ayant en arrière, au milieu un court sillon, avec 2 courts sillons transver-saux, stries crénelées, intervalles lisses.

On trouve au bord de la mer, dans les sables, le g. **Æglalia;** l'Æ. arenaria, 4 à 5 1/2 mill., res-semble à un Aphodius noir, court, renflé; les mandi-bules et le labre ne sont pas cachés par le chaperon; le corps est cilié tout autour.

II. Saprophages (Géotrupiens), insectes vivant soit dans des trous qu'ils creusent sous les matières stercorales, soit dans les matières animales desséchées ou en putréfaction. Mandibules cornées, non recouvertes par le chaperon qui est triangulaire. Antennes de 10 ou 11 articles.

Le g. **Trox** forme le passage avec les derniers genres du groupe précédent; le corps est ovale, très-convexe; le corselet est très-inégal, bossué et sillonné, crénelé sur les côtés; le bord postérieur est fortement échancré de chaque côté; les élytres, très-convexes, recouvrent entièrement l'abdomen et sont tuberculées ou impressionnées avec des séries de soies courtes, hérissées; les yeux sont entiers, non visibles en-dessus. Ces insectes vivent dans les matières animales desséchées; on les trouve parfois au pied des arbres ou enterrés dans le sable, et ils sont presque toujours recouverts de terre dans les parties enfoncées de leur sculpture. *T. perlatus*; 8 à 9 mill., noir, assez brillant, tête à 3 tubercules, corselet à 5 sillons, le médian plus fort, les autres ondulés, élytres à stries fines, intervalles ayant alternativement une rangée de gros tubercules noirs, luisants, et une rangée de plus petits. *T. hispidus*; 8 à 9 mill., tête sillonnée, corselet également à 5 sillons, le médian profond, stries des élytres larges, peu profondes, ponctuées, intervalles ayant alternativement une rangée de tubercules surmontés d'une touffe de soie et une rangée de granulations.

Les **Géotrupes** ont au contraire le corps métallique très-convexe, le corselet grand, uni, rarement armé de cornes; la tête est pentagonale, le chaperon en

triangle obtus, laissant à découvert les mandibules qui
sont fortement dentées en dehors; les yeux sont divisés
entièrement par les joues, la massue des antennes est
ovale, les pattes sont très-robustes, les jambes antérieures tridentées. Ces insectes creusent des trous profonds sous les bouses et les matières stercorales ; ils
volent le soir avec bruit. *G. Typhœus*, 13 à 20 mill.,
d'un noir luisant médiocrement convexe, corselet des
mâles presque lisse, avec trois cornes, les 2 latérales
horizontales, la médiane courte, un peu relevée ; élytres
à stries ponctuées ; corselet des femelles très-ponctué,
simplement tronqué en avant, avec une fossette et une
petite dent de chaque côté. Les autres n'ont pas de
cornes. *G. stercorarius*, 15 à 25 mill., d'un noir médiocrement brillant, passant au bronzé et au vert métallique, dessous bleu d'acier ou verdâtre, élytres ayant
chacune 14 stries. *G. mutator*, 15 à 25 mill., d'un
vert métallique brillant, bleuâtre ou doré ; élytres à
18 stries. *G. sylvaticus*, 12 à 18 mill., d'un noir
bleuâtre, assez brillant en-dessus, violet brillant en-dessous, plus court, élytres à 15 stries, les intervalles finement ridés. Ces trois espèces sont très-communes.
G. hypocrita, 13 à 20 mill., noir mat en-dessus, doré
en-dessous, élytres à 15 stries, intervalles plats ; dans
le midi et les endroits sablonneux. *G. vernalis*, 12 à
17 mill., noir ou bleuâtre, peu brillant, avec les bords
plus métalliques, dessous violet ; très-court, convexe,
élytres à stries très-fines, souvent à peine distinctes.

Les **Bolboceras** sont plus courts, presque globuleux, le 2ᵉ article des antennes est plus grand que le
3ᵉ, tandis qu'il est notablement plus court chez les *Geo-*

trupès, les yeux ne sont qu'à moitié divisés; la massue des antennes est ronde; le corselet, plus large que les élytres, est tronqué en avant et denticulé chez les mâles, qui ont en outre une corne sur le chaperon; cette corne est grêle, arquée et mobile chez le *B. mobilicornis*, 5 à 9 mill., noir, fauve en-dessous, qui vole le soir au-dessus des champs de luzerne; conique, épaisse et non mobile chez le *B. gallicus*, 11 à 13 mill.; propre au midi de la France, où on le trouve dans des trous profonds ou bien dans les truffes; il est globuleux et tout

III. — Rhizophages (Oryctiens), insectes vivant dans le tan, des vieilles souches d'arbre ou dans les couches des jardins. Mandibules cornées et saillantes. Pygidium découvert. Prosternum relevé en arrière. Antennes de 10 articles; massue de 3 feuillets.

Les **Oryctes** ou Rhinocéros sont le type de ce groupe; ce sont des insectes de grande taille, très-convexes, dont les mâles ont presque toujours la tête armée d'une corne et le corselet tronqué ou excavé en avant; leurs pattes sont épaisses, robustes, les jambes postérieures sont tronquées et les bords de cette troncature sont festonnés ou dentelés; les antérieures ont trois ou quatre dents fortes; le 1er article des tarses postérieurs prolongé en forme d'épine; tous sont d'un brun marron luisant. *O. nasicornis*, 27 à 36 mill., tête armée d'une corne un peu arquée chez les mâles, d'un simple tubercule pointu chez les femelles; corselet des mâles ayant de chaque côté une impression fortement ponctuée, ex-

cavé en avant, relevé au milieu en une saillié obtusément tridentée. élytres à ponctuation fine et écartée;
chez les femelles, le corselet est seulement très-ponctué
en avant avec une fossette; commun dans les couches à
melons, les tans, etc. Remplacé dans le midi par *O. gry-
pus*, plus grand, avec des élytres tout-à-fait lisses, et
par l'*O. silenus*, plus petit, avec le corselet largement
excavé au milieu, les bords de l'excavation relevés anguleusement.

Les **Pentodon** ont le corps ovalaire, élargi en arrière, moins convexe, la tête est inerme dans les
deux sexes, le corselet est uni, les jambes postérieures
sont tronquées, mais cette troncature n'est ni festonnée,
ni dentelée. *P. punctatus*, 19 à 23 mill., d'un noir
luisant, tête ayant 2 très-petits tubercules rapprochés;
corselet ponctué, presque rugueux, en avant, élytres à
lignes ponctuées obliques, assez serrées; Fr. mér.

IV. — Phyllophages (Mélolonthiens), insectes vivant généralement sur les feuilles. Mandibules
cornées, non saillantes. Pygidium découvert.
Mésosternum non saillant. Crochets des tarses
dentés ou bifides, rarement simples, quelquefois uniques. Antennes de 9 ou 10 articles.

A. — Crochets des tarses égaux, les postérieurs
dentés ou bifides.

Le type de cette division est le g. **Mélolontha**, ou
hanneton, qui se distingue de ses congénères par les
hanches antérieures transversales; les antennes de
10 articles, à massue composée de 5 à 7 feuillets chez

les mâles, de 4 à 6 chez les femelles ; le chaperon est transversal, un peu rebordé en avant, le pygidium est grand, perpendiculaire, souvent prolongé en pointe, les jambes antérieures sont tridentées ; les crochets des tarses sont au nombre de 2 à tous les tarses et ont, à la base, une dent droite ou arquée assez courte. Les uns ont le pygidium prolongé en pointe : *M. vulgaris*, 20 à 27 mill., noir, à poils d'un blanc grisâtre, formant des taches bien marquées sur les côtés de l'abdomen, élytres, pattes et antennes d'un fauve rougeâtre ; élytres ayant chacune 5 côtes fines ; trop commun dans toute la France. Le *M. hippocastani*, qui se trouve surtout dans les bois, ne diffère que par la couleur d'un brun fauve, rarement noire, et par le prolongement du pygidium très-grêle et plus court. D'autres ont le pygidium sans prolongement et des antennes énormes chez les mâles : *M. fullo*, 33 à 35 mill., d'un brun noir, parsemé de nombreuses petites taches blanches, pubescentes, formant des marbrures, 3 lignes semblables sur le corselet ; antennes d'un brun rougeâtre ; poitrine couverte de poils jaunâtres ; commun dans le sable des dunes, où il ronge les racines des graminées ; se trouve aussi dans l'intérieur des terres, mais dans le midi. Les espèces suivantes ont des antennes ordinaires, mais à massue de 5 feuillets seulement chez les mâles, au lieu de 6 à 7 : *M. villosa*, 22 à 27 mill., d'un brun noir ou fauve, parsemé de poils cendrés, courts, formant en outre 3 bandes sur le corselet ; dessous à villosité laineuse, un peu roussâtre. *M. australis*, 22 à 27 mill., même forme, un peu plus allongé, plus roussâtre, une seule bande sur le corselet, élytres ayant

4

chacune 3 larges sillons remplis de poils grisâtres serrés; Fr. mér.

Les **Rhizotrogus** ont aussi l'abdomen sans pointe,
mais la massue des antennes n'offre que 3 feuillets; les
élytres ont toujours des côtes peu saillantes. *R. œsti-*
vus, 14 à 19 mill., glabre en dessus, d'un fauve clair,
suture des élytres brune, corselet ayant une bande
médiane brune, finement ponctué, parsemé de plus
gros points, pygidium rugueux. *R. thoracicus*, 13 à
16 mill., d'un jaune pâle, corselet assez finement et
densément ponctué, ayant au milieu une large bande
brune; élytres rugueusement ponctuées en travers, ayant
une bande suturale brune, plus ou moins élargie, surtout à la base. *R. solstitialis*, 16 à 18 mill., fauve,
élytres pâles, une bande peu arrêtée sur le corselet et
dessous de l'abdomen bruns; corselet densément ponctué, hérissé de poils jaunâtres, ainsi que les élytres.
R. rufescens, 11 à 15 mill., fauve, glabre en-dessus,
tête, corselet et écusson un peu rougeâtres, corselet
assez finement et très-densément ponctué. *R. ater*,
12 à 14 mill., noir, antennes brunes, corselet velu,
très-ponctué, ainsi que les élytres; femelle rougeâtre.

Les hanches antérieures sont au contraire saillantes chez les genres suivants et les crochets des
tarses sont fendus : **Homaloplia**, corps ovalaire ou
allongé; massue des antennes à 3 feuillets, jambes
antérieures bidentées, les postérieures très-larges, tarses
allongés, les antérieurs parfois très-courts. *H. ruri-*
cola, 6 à 7 mill., court, très-épais, d'un noir mat, satiné; élytres d'un rouge brique, bordées de noir; tête et
corselet ponctués, élytres striées; quelquefois les élytres

sont entièrement noires; tarses antérieurs très-courts.
H. holosericea, 9 mill., ovalaire, d'un brun foncé, à
reflets soyeux, gris; chaperon sinué, fortement ponctué;
élytres à stries ponctuées, les intervalles un peu convexes. *H. brunnea*, 7 à 10 mill., allongé, d'un fauve
clair, tête large, chaperon échancré; élytres longues,
stries à peine ponctués, crochets antérieurs inégaux
chez les mâles; nocturne. Ces 3 insectes vivent surtout
dans les terrains sablonneux. Le g. **Triodonta** ne
diffère guère que par les jambes antérieures à 3 dents :
T. aquila, 7 à 9 mill., oblong, fauve, plus foncé en-
dessus, à fine pubescence roussâtre; assez fortement
ponctué; élytres un peu élargies en arrière, à stries
légères, intervalles un peu convexes; commun sur les
chênes. Fr. mér.

B. Crochets des tarses inégaux, les postérieurs
simples; crochets antérieurs ayant l'une des
branches ordinairement fendue.

Les **Anisoplia** sont ovalaires, assez épaisses, médiocrement convexes; le corselet est un peu plus étroit
que les élytres, qui sont assez courtes et presque tronquées, parfois épaissies le long du bord externe; leurs
pattes sont médiocrement robustes, les postérieures
pas plus fortes que les autres; les jambes antérieures
sont bidentées, les tarses sont assez robustes, un peu
comprimés, munis en dessous de fortes soies. Les unes ont
le bord antérieur de la tête rétréci et prolongé en forme
de museau court : *A. agricola*, 8 à 10 mill., d'un noir
bronzé, hérissé de poils blanchâtres; élytres d'un roux
testacé, avec le tour et une grande tache à l'écusson,

noirs, ainsi qu'une tache placée au milieu de la suture et s'élargissant souvent sur les côtés; tête et corselet très-ponctués; élytres à stries ponctuées assez confuses; sur les graminées, les fleurs. *A. arvicola*, 9 mill., d'un noir moins bronzé, élytres plus rouges, parfois entièrement noires, à stries bien marquées, ponctuées, les intervalles assez convexes, corselet à ponctuation assez fine, peu serrée. *A. tempestiva*, 12 à 14 mill., d'un noir faiblement bronzé, assez brillant, élytres d'un roux testacé, rarement unicolores, ayant presque toujours le tour et une tache carrée autour de l'écusson noirs; corselet densément et finement ponctué, sillonné au milieu; élytres très-finement ponctuées, à stries indistinctes; Fr. mér. Les autres ont la tête arrondie en avant : *A. horticola*, 8 à 10 mill., d'un vert foncé très-brillant; élytres d'un rouge brique très-brillant; corselet assez finement ponctué, faiblement sillonné au milieu; élytres à stries ponctuées bien marquées; c'est un des insectes les plus communs au printemps, partout, sur les buissons, dans les bois, sur les fleurs. *A. campestris*, 8 à 12 mill., plus large, d'un noir brillant; élytres d'un roux testacé, très-brillantes, avec le tour, une tache scutellaire carrée et une bande transversale oblique très-crénelée, noirs.

Les **Anomala** ont le corps ovalaire, convexe, épais; le corselet aussi large à la base que les élytres; rétréci en avant; ces dernières sont largement arrondies en arrière, et les pattes postérieures sont plus robustes que les autres. *A. Frischii*, 12 à 14 mill., d'un vert bronzé ou bleuâtre; corselet bordé de jaune sur les côtés; élytres d'un roussâtre un peu métallique, suture verte

ou bleue, cette couleur envahissant parfois toute la surface, corselet assez densément ponctué, élytres plus finement, stries rapprochées par paires ; très-commun.

C. Tarses postérieurs n'ayant qu'un seul crochet,
les autres crochets inégaux.

Les **Hoplia**, qui présentent ces caractères, ont le
corps épais, plus ou moins couvert d'écailles parfois
métalliques ; les pattes sont robustes, surtout les postérieures ; le dernier article des tarses est allongé ; on
les trouve souvent sur les fleurs. *H. cœrulea*, 8 à
11 mill., couverte d'écailles serrées d'un bleu clair un
peu farineux, en dessous d'un blanc argentin, commun
dans les prairies au sud de la Loire. *H. farinosa*,
8 à 11 mill., d'un brun marron, couverte en dessus
d'écailles d'un vert clair un peu jaunâtre, et en dessous d'écailles d'un vert argentin métallique. *H. phi-
lanthus*, 7 à 9 mill., brune avec la suture des élytres
un peu rougeâtre, quelquefois les élytres d'un brun
marron, couverte d'une poussière cendrée très-fugace,
dessous couvert d'écailles cendrées plus serrées ; très-
commune partout.

V. — Melitophiles (Cétoniens). Insectes vivant sur
les fleurs. Mandibules membraneuses au côté
interne, non saillantes, pygidium découvert,
mésosternum souvent saillant, crochets des
tarses simples, antennes de 9 ou 10 articles.

A. Élytres sinuées au bord externe derrière les
épaules ; pièces latérales de la poitrine saillantes et visibles en-dessus.

Les **Cetonia** ont le corps ovalaire, très-solide, dé-

primé en-dessus; l'épistôme carré, le corselet trapézoïdal, les pattes robustes; on les trouve dans les fleurs,
et quand elles volent, elles soulèvent simplement les
élytres pour laisser passer les ailes inférieures. Les unes
ont les jambes antérieures bidentées, la tête plus
étroite, l'écusson aigu. *O. stictica*, 10 à 12 mill., noire,
avec de longs poils clairsemés et de nombreuses petites
taches blanches; commune sur les chardons. Les autres
ont les jambes antérieures tridentées et le corps très-
velu. *C. hirtella*, 10 à 13 mill., brune ou noire, hérissée de poils jaunâtres assez serrés, corselet ponctué
avec une carène lisse; élytres avec 6 ou 7 taches
blanches. Le corps est au contraire glabre chez les
espèces suivantes : *C. marmorata*, 20 à 22 mill.,
bronzée en dessus, vert métallique en dessous; corselet ponctué sur les côtés, presque lisse au milieu, avec
2 séries de 3 gros points; élytres à taches vermiculées
et à points formés par du duvet blanchâtre. *C. floricola*,
17 à 23 mill., intermédiaire entre la précédente et la
suivante, très-variable, tantôt vert bronzé, tantôt vert
métallique, tantôt brun bronzé; à taches grises souvent
effacées; saillie mésosternale moins large que chez la
marmorata et déprimée; les individus du midi sont
ordinairement d'un vert ou d'un violet vernissé, sans
taches. *C. aurata*, 16 à 22 mill., d'un vert doré ou
d'un rouge cuivreux; ponctuée, élytres ayant chacune
2 côtes assez saillantes, à taches vermiculées, presque
transversales; saillie mésosternale globuleuse à l'extrémité; extrêmement commune. *C. morio*, 14 à
20 mill., d'un noir très-mat en-dessus, brillant en-
dessous, quelquefois 4, 6 ou 8 petites taches blanches

sur le corselet, élytres et pygidium saupoudrés de points blancs; Fr. mér., fait souvent des ravages dans les ruches, ainsi que la *C. cardui*, qui est plus grande, d'un noir bleu un peu brillant, surtout en dessous, et qui est également propre au midi de la France.

B. Élytres non sinuées au bord externe; pièces latérales de la poitrine invisibles.

Les hanches postérieures sont rapprochées chez les genres suivants : **Osmoderma**, corps épais, massif, tête petite, creusée au milieu, ayant de chaque côté un petit tubercule, corselet ayant une impression longitudinale, les bords relevés et un peu saillants en avant; élytres grandes, mésosternum sans saillie : *O. eremita*, 30 mill., d'un brun noir luisant, avec un faible reflet métallique; écusson sillonné, élytres ponctuées; dans les vieux saules; exhale, étant vivant, une odeur de cuir de Russie.

Gnorimus, corps déprimé, épistôme sinué en avant, corselet arrondi, notablement plus étroit que les élytres, celles-ci larges et courtes, écusson court, cordiforme; jambes antérieures bidentées, les intermédiaires arquées à la base chez les mâles : *G. variabilis*, 18 à 20 mill., noir, 4 points jaunes sur le corselet, et 4 ou 5 sur chaque élytre; abdomen tacheté sur les côtés; corselet fortement ponctué, élytres un peu rugueuses vers la suture; dans les troncs de châtaigniers: *G. nobilis*, 16 à 20 mill., d'un beau vert métallique, souvent à reflets cuivreux, abdomen tacheté de blanc; corselet et écusson fortement ponctués, élytres rugueuses; commun sur les fleurs des sureaux.

Trichius, corps épais, velu, déprimé en dessus, épistôme sinué ou échancré, corselet arrondi, plus étroit que les élytres, couvert d'un velours serré ; élytres larges, courtes, presque carrées ; jambes antérieures bidentées ; tarses allongés : *T. fasciatus*, 12 à 14 mill., noir, hérissé de poils jaunâtres ou blanchâtres, corselet à velours jaune, élytres d'un jaune mat, avec 3 bandes transversales noires, la basilaire ordinairement entière, les deux autres n'atteignant pas la suture ; très-commun.

Les hanches postérieures sont au contraire très-écartées dans le g. **Valgus,** corps épais, plat en dessus, corselet plus étroit que les élytres, inégal en dessus, élytres carrées, très-courtes, ne couvrant ni le pygidium, ni le segment qui le précède : jambes antérieures à plusieurs dents, tarses assez longs : *V. hemipterus*, 8 à 10 mill., d'un noir sale, avec des taches formées par des écailles cendrées et mal arrêtées ; corselet ayant un sillon médian, 2 arêtes et deux fossettes ; élytres à stries fines ; abdomen des femelles terminé par une tarière assez longue ; commun partout, à terre.

FAMILLE DES BUPRESTIDES.

Les insectes de cette famille se reconnaissent à leur tête enfoncée dans le corselet, courte, verticale, à leurs antennes de 11 articles, dentées en scie, à leur corselet appliqué fortement contre la base des élytres, à leur prosternum formant en arrière une pointe reçue dans une cavité du mésosternum ; les hanches antérieures et intermédiaires sont globuleuses, les pattes assez courtes, les tarses de 5 articles, les premiers ayant en dessous une lame plus ou moins marquée. Ce sont des insectes à couleurs assez vives, généralement métalliques, très-lents à l'ombre, mais s'envolant comme des mouches lorsque le soleil les frappe. Leurs larves vivent dans le bois ou, plus rarement, dans les tissus de quelques plantes non ligneuses.

I. Cavité sternale formée seulement par le mésosternum.

Le g. **Ptosima** est caractérisé par un corps épais, subcylindrique, déprimé en dessus, un peu atténué en arrière, l'épistôme est fortement échancré, les antennes sont courtes, assez grêles, le corselet est aussi large que les élytres, convexe en avant et peu rétréci ; les élytres sont finement denticulées sur les côtés. P. novemmaculata, 8 à 12 mill., d'un noir très-brillant, à taches d'un beau jaune sur la tête, le corselet et les

élytres, les taches formant sur ces dernières une seule
rangée ; dans le midi, sur le prunellier sauvage

Les **Acmœodera** ont le corps plus convexe, les
élytres sont sinuées derrière les épaules, l'épistôme est
largement échancré, le corselet est fortement convexe
en avant, les élytres sont également denticulées sur les
côtés. *A. tœniata,* 7 mill., noire, couverte en-dessous
d'une pubescence blanche, soyeuse, tête et corselet
rugueusement ponctués, élytres ridées, à stries ponctuées, à bandes jaunes irrégulières.

II. Cavité sternale profonde, formée par le mésosternum et le métasternum réunis.

Les **Capnodis**, à coloration sombre et triste,
forment une tache au milieu des Buprestides ; ils sont
faciles à reconnaître à leur corselet corrodé, fortement
arrondi sur les côtés, à leurs élytres atténuées en arrière
et obtusément acuminées et à leurs tarses largement
dilatés, à 4ᵉ article très-profondément échancré, embrassant le 5ᵉ. Leur corps est très-solide, le corselet souvent
orné d'écailles blanches.

Ils sont propres au centre et au midi de la France.
C. tenebrionis, 20 mill., d'un noir mat, corselet tacheté
de blanc, ayant une profonde fossette vis-à-vis l'écusson ; élytres un peu inégales, à lignes de points.

Les **Dicerca** sont des insectes de couleur bronzée,
à élytres notablement rétrécies en arrière, très sculptées ; leur corselet est fortement ponctué, mais non
variolé ni corrodé. *D. œnea,* 20 mill., dessous d'un
cuivreux brillant, dessus d'un bronzé brunâtre, avec
quelques taches lisses ; tête et corselet rugueusement

ponctués, élytres rugueuses, striées, bidentées à l'extrémité. Fr. mér., sur les saules, les peupliers. *D. bero-*
linensis, 22 mill., bronzé, à reflets un peu verdâtres,
corselet ponctué, rugueux latéralement, élytres densément ponctuées, à stries visibles seulement en dedans,
avec des plaques élevées, lisses, extrémité tronquée;
sur les hêtres.

L'écusson est très-petit dans les genres précédents;
il est assez grand, transversal, cordiforme ou ovalaire,
chez les **Pœcilonota**, qui ont en outre le corselet
très-rétréci en avant, les élytres denticulées en arrière
et le 1er article des tarses postérieurs notablement plus
long que le 2e. Ce sont des insectes à couleurs métalliques, piquetés de noir. *P. rutilans*, 12 à 15 mill.,
d'un vert métallique avec une large bande cuivreuse
autour des élytres, qui sont tachetées de noir; fortement ponctuée; corselet ayant les côtés dorés; une
ligne médiane noire et d'autres taches sur les côtés; sur
les ormes, les érables, etc. *P. conspersa*, 15 mill.,
dessous d'un cuivreux brillant, dessus d'un bronzé
obscur, saupoudré de blanc, avec des points élevés et
des taches allongées noires; corselet à ligne médiane
noire, élytres rugueusement ponctuées, rétrécies à
l'extrémité qui est tronquée; sur les peupliers.

Les vrais **Buprestis** se distinguent des précédents
par la conformation du menton qui laisse à découvert
la languette et une partie des mâchoires; leur corps est
peu convexe, lisse, bleu ou vert, presque toujours tacheté de jaune; l'écusson est très-petit, le prosternum
est assez étroit; les tarses sont à peine dilatés; le 1er article des postérieurs est aussi long que les 2 ou 3 sui-

vants réunis; tous vivent dans les pins et les sapins.
B. octoguttata, 11 à 13 mill., d'un beau bleu d'acier,
bords latéraux du corselet et 5 taches sur chaque élytre,
d'un beau jaune. Fr. mér. *B. flavomaculata*, 15 mill.,
d'un brun noir verdâtre, pubescent, quelques taches
sur le front, côtés du corselet et plusieurs taches souvent confluentes, sur les élytres, jaunes. *B. rustica*,
12 à 16 mill., d'un vert bronzé ou bleuâtre, métallique, parfois violacé, élytres un peu inégales, intervalle des stries un peu convexe; Alpes.

Le g. **Chalcophora** a le corps allongé, la tête
sillonnée, le corselet sculpté, ainsi que les élytres qui
sont très-inégales, graduellement atténuées en arrière,
l'écusson très-petit; les tarses sont dilatés. *C. mariana*,
20 à 25 mill., d'un bronzé tantôt un peu doré, tantôt
un peu verdâtre, couvert, à l'état frais, d'une fine pru-
nosité qui disparaît facilement, élytres ayant plusieurs
larges dépressions assez rugueuses; sur les pins coupés,
Fr. mér.; Alpes.

Les **Anthaxia** sont d'assez petite taille, assez
déprimés en dessus, atténués en arrière, à tête large,
à corselet presque carré, à prosternum large, à tarses
étroits; on les trouve sur diverses fleurs. *A. manca*,
7 mill., d'un brun un peu métallique, presque
mat, corselet à 2 bandes noirâtres, les côtés dorés,
dessous d'un cuivreux brillant; sur les ormes, sur les
pins, les aubépines. *A. nitidula*, 5 à 6 mill., d'un vert
gai assez brillant, corselet finement ridé, ayant de
chaque côté, en arrière, une fossette bien marquée,
dessous d'un vert doré très-brillant; sur les fleurs
d'aubépines, de chrysanthèmes, de pissenlits. *A. um-*

bellatarum, 5 mill., d'un brun noir à peine métallique, dessous d'un vert brillant, finement ridé, corselet uni. Une des plus belles espèces est l'*A. cyanicornis*, 9 à 11 mill., d'un vert presque mat en dessus, d'un cuivreux brillant en dessous; les mâles ont sur le corselet deux bandes d'un bleu noir et les cuisses postérieures renflées; Fr. mér.

Les **Chrysobothris** se distinguent par le corps plus large, l'écusson aigu, le 3e article des antennes notablement allongé et les élytres fortement lobées à leur base, à nervures bien marquées et ayant chacune deux impressions plus brillantes. *C. affinis*, 11 à 15 mill., d'un brun bronzé, peu brillant, chagriné, fossettes des élytres arrondies, cuivreuses, antennes et dessous du corps cuivreux, brillants; sur les chênes. *C. Solieri*, 9 mill., plus étroit, plus doré, plus uni, fossettes plus lisses, plus marquées, la postérieure un peu transversale. Fr. mér., sur les pins.

Les **Agrilus** ont le corps allongé, la tête assez fortement creusée entre les yeux, qui sont grands, mais écartés, les antennes assez courtes, fortement dentées en scie, le corselet est carré, plus ou moins tranversal, l'écusson bien marqué, large à la base, les élytres allongées, souvent acuminées. Ces insectes, de petite taille, sont nombreux et se ressemblent beaucoup; ils vivent sur diverses plantes et on les trouve souvent morts sous les écorces d'arbres. *A. angustulus*, 5 mill., d'un vert bronzé, élytres élargies sensiblement en arrière; sur les jeunes chênes. *A. cyanescens*, 6 à 8 mill., bleu ou d'un bleu verdâtre, corselet sillonné au milieu avec deux petits plis aux angles postérieurs, élytres à peine élargies en arrière, épaules saillantes. *A. undatus*, 13 mill., d'un bleu noirâtre à reflets violacés ou bronzés, élytres à fascies transversales grisâtres en zigzag; corps moins allongé, moins atténué en arrière; sur les chênes.

Les **Trachys** ont au contraire le corps court, triangulaire; la tête est fortement creusée au milieu, le corselet court, très-rétréci en avant, l'écusson à peine visible; les élytres sont courtes, triangulaires; les tarses sont très-courts, avec les crochets fortement dentés. *T. minuta*, 3 mill., noir brillant un peu bronzé, élytres ayant quatre bandes transversales un peu ondulées, de pubescence blanchâtre; sur les chênes. *T. pygmea*, 2 1/2 mill., d'un cuivreux doré brillant sur la tête et le corselet, élytres plus unies, d'un bleu parfois un peu verdâtre; dessous et pattes d'un bronzé brillant; sur les feuilles des roses trémières et d'autres malvacées; les larves minent les feuilles de ces plantes.

Les **Aphanisticus** se distinguent par un corps grêle, allongé, la tête saillante, les antennes brusquement renflées en massues et reçues dans des rainures du front et du prosternum. *A. emarginatus*, 4 mill., presque parallèle, grêle, d'un noir bronzé assez brillant, élytres à lignes longitudinales et points serrés; dans les prairies, sur les joncs. *A. pusillus*, 2 mill. 1/2, même couleur que le précédent, mais plus court, plus large, élytres élargies au milieu, non parallèles, à points moins réguliers.

FAMILLE DES ÉLATÉRIDES.

Ces insectes ont beaucoup d'analogie avec les précédents; ils en diffèrent surtout par la conformation du prosternum, qui forme le plus souvent une mentonnière en avant et se termine postérieurement en une pointe aiguë, comprimée, pénétrant dans la cavité antérieure du mésosternum. C'est grâce à cette disposition que les Elatérides, connus généralement sous les noms de Taupins, de Toque-Maillet et de Marteaux, peuvent, quand ils sont sur le dos, incliner leur corselet et, détendant brusquement les muscles du thorax, exécuter des sauts parfois assez élevés. Leur corps est plus rarement métallique que celui des Buprestides; leurs antennes sont plus longues, dentées en scie et parfois pectinées. Comme dans la famille précédente, leurs larves vivent dans les arbres ou dans les tiges et racines de diverses plantes; on trouve ces insectes parfois sur les troncs d'arbres et sur les fleurs.

I. — Antennes reçues au repos dans des sillons de chaque côté de la poitrine.

Le g. **Lacon** a le corps oblong, assez convexe, le corselet un peu inégal en dessus, peu rétréci en avant; les antennes sont assez courtes, les 2e et 3e articles très-courts, l'écusson est large, les tarses sont allongés; le 4e article est presque aussi long que les 2 précédents et

entier. *L. murinus*, 13 à 15 mill., d'un brun noir, couvert de poils écailleux blanchâtres, gris ou roussâtres,
mélangés sans ordre et formant des taches vagues,
élytres à fines stries ponctuées; dessus de l'abdomen
d'un fauve presque orangé; très-commun partout.

      II. — Sillons latéraux de la poitrine nuls ou à
        peine marqués.
        A. Lames des hanches postérieures se rétrécis-
          sant graduellement en dehors.
          a. Crochets des tarses simples ou faiblement
            unidentés.

  Le g. **Corymbites** a le corps assez épais, assez
convexe, le corselet rétréci en avant, les angles postérieurs carénés, saillants en arrière, les antennes de
forme variable, les tarses non ou à peine conprimés; la
tête est assez petite. Les uns ont les antennes simplement en scie : *C. tessellatus*, 12 à 14 mill., d'un bronzé
à peine cuivreux, couvert d'une fine pubescence cendrée
formant des taches peu régulières, parfois peu marquées, élytres légèrement dilatées au-delà du milieu, à
fines striés ponctuées; très-commun partout. *C. holo-
sericeus*, 9 à 12 mill., noir, couvert d'une pubescence
cendrée, soyeuse, extrêmement fine, formant des bandes
et des taches par l'inclinaison opposée des poils; corselet à angles postérieurs courts, obliques, obtus, élytres
élargies au-delà du milieu, finement striées, pattes d'un
brun roussâtre; commun dans les bois. *C. cruciatus*,
12 mill., noir, corselet ayant 2 bandes rougeâtres, élytres
jaunes avec la suture, une bande transversale, une
courte bande à la base et les bords postérieurs noirs;

peu commun; Lorraine, Alpes, Fontainebleau. *C. latus*,
11 à 15 mill., large, peu atténué en arrière, d'un bronzé
plus ou moins cuivreux en dessus, à pubescence blanchâtre peu serrée; assez densément ponctué, élytres
élargies en arrière, finement striées; pattes d'un bronzé
violet; très-commun partout, dans les blés notamment.
C. œneus, 10 à 12 mill., forme du précédent, mais plus
acuminé en arrière, d'un vert bronzé très-brillant,
glabre; corselet à angles postérieurs saillants, fortement carénés, élytres fortement striées, les intervalles
un peu relevés et ponctués; dans les prairies un peu
montagneuses.

Les autres ont les antennes pectinées chez les mâles
et très-fortement dentées chez les femelles : *C. castaneus*, 10 mill.; noir, corselet et tête couverts d'un duvet
velouté d'un jaune doré, serré; élytres d'un beau jaune,
un peu noires à l'extrémité, finement striées, intervalles
un peu relevés et ponctués; sur les groseilliers, les
pommiers en fleur. *C. hœmatodes*, 10 à 12 mill., tête
et corselet noirs, couverts d'un duvet rougeâtre, velouté,
incliné en divers sens, élytres d'un rouge de sang,
fortement striées, les intervalles relevés alternativement;
Alpes, prairies de l'Est. *C. pectinicornis*, 12 à 15 mill.,
allongé, atténué en arrière, d'un vert bronzé, corselet
allongé, atténué en avant, largement sillonné au milieu;
élytres finement striées, intervalles finement rugueux;
dans les montagnes. *C. cupreus*, 12 à 15 mill., même
forme, mais d'un bronzé cuivreux, foncé, élytres ayant
la moitié ou les 2/3 d'un jaune testacé; dans les montagnes.

Les **Athous** ont le corps allongé, souvent presque

parallèle, la tête large, déprimée, parfois excavée en avant, les antennes assez longues, grêles, le 3e article un peu plus grand que le 2e et un peu plus court que le 4e ; le 1er article des tarses postérieurs est aussi long que les 2 ou 3 suivants réunis ; les femelles sont plus grandes, souvent beaucoup plus larges et plus convexes que les mâles, mais toujours moins parallèles.

Le corselet est généralement à peine rétréci en avant et les angles postérieurs sont larges, courts et obtus. *A. hirtus*, 10 à 12 mill., assez convexe, d'un noir brillant, à pubescence grisâtre un peu cotonneuse ; angles postérieurs du corselet assez longs, assez aigus, carénés ; élytres un peu rétrécies à l'extrémité, assez fortement striées, intervalles légèrement convexes, finement ponctués ; commun partout. *A. hœmorrhoidalis*, 10 à 12 mill., allongé, assez convexe, d'un brun foncé, à pubescence grisâtre, corselet à angles postérieurs très-courts et obtus, élytres allongées, assez fortement striées, les intervalles ponctués, dessous plus clair, abdomen rougeâtre à l'extrémité, pattes d'un brun roussâtre ; très-commun partout. *A. vittatus*, 10 mill., allongé, presque parallèle, peu convexe, brun, corselet long, parallèle, bordé de roussâtre, angles postérieurs courts et obtus, élytres roussâtres, ayant une bande suturale et une bande externe assez larges, d'un brun noirâtre, assez fortement striées, intervalles un peu convexes, finement ponctués, dessous et pattes d'un roux ferrugineux ; abdomen tacheté de noir sur les côtés ; très-commun partout.

Les **Limonius** ont le corps plus épais, plus convexe, d'un bronzé foncé, le 1er article des tarses postérieurs est égal ou à peine plus long que le 2e. *L. cylin-dricus*, 10 à 11 mill., allongé, cylindrique, d'un bronzé clair et brillant, à pubescence assez longue ; corselet rétréci en avant, les angles postérieurs courts et aigus, élytres allongées, à peine rétrécies à l'extrémité, finement striées, les intervalles faiblement ponctués ; commun dans les prés. *L. nigripes*, 9 à 11 mill., d'un bronzé foncé, à pubescence grisâtre, corselet plus court, écusson plus convexe, élytres notablement rétrécies en arrière, plus fortement striées, les intervalles plus ponctués ; très-commun sur les saules, dans les prairies. *L. mus*, 7 mill., plus étroit, d'un bronzé plus brillant, à pubescence grise, corselet plus allongé, élytres faiblement rétrécies vers l'extrémité, les intervalles des stries finement ponctués, pattes d'un roussâtre clair.

Les **Dolopius** ont la tête plus verticale que les genres précédents, les antennes allongées, filiformes, avec les 2e et 3e articles courts, presque égaux, les autres à peine dentés ; le corselet est presque parallèle, marginé sur les côtés, avec les angles postérieurs aigus ; les tarses sont allongés, assez forts, 1er article notablement plus long que le suivant. *D. marginatus*, 5 à 7 mill., allongé, brun, finement pubescent, bords du corselet, base des antennes et pattes roussâtres, élytres d'un brun roussâtre, suture et côtés plus foncés, densément ponctués, élytres striées, intervalles finement ridés ; très-commun dans les prairies.

Les **Agriotes** ne diffèrent guère du genre précédent que par la forme ou plutôt par la direction des bords latéraux du corselet qui, au lieu d'être presque droits et de converger vers les yeux, se dirigent vers le dessous de l'œil. Le corselet est tantôt assez long : *A. aterrimus*, 11 mill., allongé, d'un noir foncé, peu brillant, densément et finement ponctué, corselet presque 2 fois aussi long que large, angles postérieurs obliques, obtus, un peu carénés; sur les chênes, les pins, au printemps. *A. pilosus*, 10 à 12 mill., allongé, d'un brun noirâtre, couvert d'une pubescence cendrée, rarement un peu roussâtre, serrée ; angles postérieurs du corselet un peu obliques, presque obtus; commun sur les fleurs, dans les prairies et les clairières. Le corselet est beaucoup plus court dans les espèces suivantes : *A. striatus*, 9 mill., moins allongé que les précédents, d'un brun noir, à pubescence serrée; corselet à angles postérieurs plus saillants, élytres d'un brun rougeâtre, élargies en arrière, les stries rapprochées par paires, les intervalles étroits, roussâtres, ainsi que les pattes et les antennes ; très-commun dans les champs de blé; la larve ronge les racines de cette céréale et fait souvent beaucoup de dégâts. *A. gilvellus*, 9 mill., noir, à pubescence fauve, corselet un peu plus long que large, angles postérieurs assez saillants, bicarénés, écusson ovalaire, presque parallèle, élytres fauves, avec la moitié postérieure ou simplement l'extrémité noirâtre, intervalles des stries finement ridés ; quelquefois d'un brun entièrement noir ; sur les fleurs des ombellifères. *A. obscurus*, 8 à 9 mill., noir, à pubescence grise, corselet plus large que long; tête et corselet densément ponctués, ce dernier avec un sillon à la base, l'écusson arrondi, élytres très-convexes, élargies au milieu, à stries ponctuées, intervalles finement rugueux ; plus court et plus convexe que le précédent; extrêmement commun partout. *A. gallicus*, 5 à

6 mill., allongé, assez convexe, d'un brun noirâtre, densément et fortement ponctué, à pubescence grise; front un peu impressionné, corselet notablement plus long que large, écusson ovalaire-oblong, élytres presque parallèles, un peu plus larges que le corselet, à stries ponctuées; assez commun dans les bois.

      b. Crochets des tarses pectinés en dedans.

Les uns ont la tête verticale avec le bord antérieur du front uni, ne formant pas de rebord saillant au-dessus du labre. G. **Adrastus,** dernier article des palpes maxillaires ovalaire et acuminé, corselet à angles postérieurs saillants, aigus, non carénés en-dessus, 1er article des tarses au moins aussi long que les 2 suivants réunis, 3e article simple. *A. limbatus,* 4 mill., tête et corselet noirs, ce dernier roussâtre en avant et aux angles postérieurs, élytres d'un roux testacé avec la suture brune, à stries ponctuées bien marquées, les intervalles finement ponctués; très-commun partout.

    G. **Synaptus,** corselet plus allongé, assez convexe, surtout en avant, angles postérieurs saillants assez aigus, carénés sur les côtés, 1er article des tarses notablement plus long que le 2e, le 3e muni en-dessous d'une forte lamelle membraneuse, le 4e très-petit. *S. filiformis,* 10 à 12 mill., noir ou brun, couvert d'une pubescence serrée, couchée, grise ou cendrée, antennes et pattes roussâtres, élytres à stries ponctuées; commun.

    Les **Melanotus** ont au contraire la tête oblique avec le bord antérieur formant un rebord tranchant au-dessus du labre; le corselet est ou presque carré ou rétréci en avant, avec les bords latéraux finement

rebordés et tranchants, les 2e et 3e articles des antennes
sont petits, les tarses sont assez robustes, le 1er article
presque aussi long que les deux suivants réunis ; vivent
sur les vieux arbres. *M. rufipes*, 10 à 13 mill., d'un
brun noir assez brillant, à pubescence grise, pattes d'un
roux testacé, corselet à peine rétréci en avant, les angles
postérieurs dirigés en arrière, non divergents, surface
très-ponctuée, élytres assez convexes. *M. castaneipes*,
13 mill., même coloration, corselet à angles postérieurs
légèrement saillants en dehors, élytres très-allongées,
moins convexes, faiblement striées, dessous du corps
et pattes d'un brun rougeâtre plus ou moins foncé ; plus
commun dans les montagnes. *M. niger*, 10 à 12 mill.,
d'un noir foncé peu brillant, couvert d'une pubescence
grisâtre ; corselet plus large que long, densément ponctué, élytres moins allongées, faiblement élargies au-delà
du milieu, pattes d'un brun rougeâtre obscur, commun.

B. Lames des hanches postérieures brusquement
et fortement rétrécies en dehors.

a. Écusson ovalaire ; saillie prosternale de
forme ordinaire.

Les **Elater,** ou Taupins proprement dits, ont une
coloration qui les fait reconnaître très-facilement ; ils
sont presque toujours noirs avec les élytres d'un rouge
vif ; leurs antennes sont assez courtes ; le 2e article est
notablement plus petit que le 3e, les suivants sont presque
triangulaires, le corselet est assez convexe, médiocrement atténué en avant, les tarses ont le 1er article aussi
long que les 2 suivants réunis ; ils vivent dans les vieux

troncs d'arbres, saules, chênes, etc. *E. sanguineus*,
10 à 14 mill., noir, à pubescence noire, élytres entièrement rouges. *E. sanguinolentus*, 8 à 12 mill., plus
étroit, avec une bande noire sur la suture, occupant
parfois la moitié des élytres. *E. crocatus*, 8 à 10 mill.,
noir, élytres d'un jaune rougeâtre, corselet plus atténué
en avant; dans les vieux saules. *E. balteatus*, 8 à 9 mill.,
noir, élytres d'un roux testacé avec la moitié apicale
noire; sur les pins en fleurs.

Les **Cryptohypnus** sont de très-petite taille et
vivent au bord des eaux, sous les pierres; ils sautent
avec une grande vivacité et à une hauteur très-grande,
relativement à leurs dimensions exiguës; le dernier
article de leurs palpes maxillaires est plus ou moins
sécuriforme, les antennes sont presque filiformes avec
le 2e article plus petit que le 3e. *C. pulchellus*, 3 à
5 mill., d'un noir mat, avec des taches irrégulières
d'un roussâtre pâle sur les élytres, base des antennes
et pattes rousses, corselet large, densément ponctué,
presque rugueux, avec une ligne médiane étroite, lisse;
assez commun. *C. tetragraphus*, 3 mill., noir, avec
2 taches jaunes sur chaque élytre. *C. riparius*, 5 mill.,
d'un vert bronzé foncé, pattes et base des antennes
d'un brun roussâtre, tête et corselet finement ponctués,
ce dernier un peu élargi au milieu, plus large que la
base des élytres, qui ont des stries lisses et les intervalles à peine ponctués; commun dans les endroits
montagneux.

    b. Écusson cordiforme, saillie prosternale
    épaisse et courte.

Les **Cardiophorus** ont le corselet très-convexe,

légèrement arrondi sur les côtés, les antennes assez grêles, les élytres faiblement élargies vers le milieu, les tarses à articles décroissant peu à peu de longueur du 1er au 4e; on les trouve sur les fleurs, sous les écorces, quelquefois sous les pierres. *C. thoracicus*, 8 mill., d'un noir faiblement bleuâtre, corselet rouge, aussi large que long, presque carré, angles postérieurs courts, assez aigus, élytres assez ponctuées. *C. rufipes*, 6 mill., d'un noir un peu bronzé, pubescent, corselet plus long que large, angles postérieurs courts et obtus, élytres à stries fines, non ponctuées, pattes d'un roux ferrugineux clair; sous les écorces. *C. equiseti*, 9 mill., d'un noir assez brillant, couvert d'une pubescence soyeuse, grisâtre, très-fine et serrée, corselet aussi large que long, à peine rétréci en avant, angles postérieurs médiocres, assez aigus, élytres à stries fines, ponctuées, intervalles plans, pattes roussâtres, antennes grêles; dans les prés.

FAMLLE DES MALACODERMES.

Cette famille renferme un grand nombre d'insectes qui, tout en présentant des différences assez notables, ont le caractère commun d'avoir des téguments mous et flexibles, l'abdomen dentelé, souvent arqué en dessous, les hanches antérieures et intermédiaires conico-cylindriques, les postérieures transversales, le corselet tranchant sur les bords, s'avançant souvent sur la tête, qui s'infléchit en dessous, abdomen composé de 6 ou 7 segments; les tarses ont 5 articles, sans lamelles, mais les crochets sont très-variables; malgré leur aspect inoffensif, ils sont presque tous carnassiers et très-voraces.

I. Antennes insérées sur le front ou à la base du rostre.

A. Hanches intermédiaires écartées.

Le g. **Dictyopterus** a le corps allongé, presque plat en dessus, la tête prolongée en forme de rostre, les antennes insérées à la base de ce rostre, le corselet presque carré, les élytres unies, s'élargissant peu à peu vers l'extrémité. *D. sanguineus*, 8 mill., noir, élytres et côtés du corselet rouges, corselet inégal, sillonné au milieu.

Le g. **Eros** diffère par le corselet couvert de fossettes séparées par des côtes saillantes et par les élytres à côtes fines, saillantes, avec les intervalles réticulés; la tête ne forme pas de museau, les antennes sont insérées entre

4*

les yeux, un peu comprimées et dentées; sur les fleurs, dans le nord, l'est et les montagnes. Tous sont noirs, avec les élytres rouges. *E. aurora*, 9 mill.; corselet rouge, parfois rembruni au milieu, ayant 4 grandes fossettes et 1 petite juste au milieu des 4; intervalles des élytres ayant 2 rangées de petites fossettes carrées. *E. affinis*, 6 à 8 mill., corselet tout noir, antennes entièrement noires, 3e article un peu plus grand seulement que le 2e; intervalles des élytres à fortes rides transversales.

B. Hanches intermédiaires rapprochées.

Le g. **Homalisus** ressemble beaucoup au précédent, mais la tête est moins recouverte par le bord antérieur du corselet et est enfoncée jusqu'aux yeux; les antennes sont insérées entre les yeux, un peu comprimées, filiformes, le corselet est presque carré, inégal, avec les angles postérieurs très-aigus et saillants. *H. suturalis*, 5 mill., allongé, parallèle, noir, élytres rouges, à suture noire, arrondies à l'extrémité, striées avec de gros points enfoncés; commun dans les haies, les bois.

B. Hanches intermédiaires contiguës.

α. Antennes plus ou moins contiguës; tête cachée sous le rebord antérieur du corselet.

Les **Lampyris** ou Vers luisants ont le corselet en demi-cercle, relevé sur les bords, tronqué à la base offrant ordinairement en avant 2 petites taches translucides, les palpes maxillaires sont courts, le dernier article coupé très-obliquement en dedans, les antennes sont courtes, comprimées, les élytres sont grandes, minces, le 4e ar-

ticle des tarses est court, échancré en dessus et bilobé.
Ces caractères ne s'appliquent qu'en partie aux femelles,
qui sont privées d'ailes et même d'élytres, ou n'en présentent qu'un très-faible rudiment; leur abdomen, en
revanche, est plus développé et présente à l'extrémité
un appareil lumineux, phosphorescent, qui occupe les
trois derniers segments. Cet appareil existe aussi chez
les mâles, mais à un degré beaucoup plus faible, et, en
outre, il est recouvert entièrement par les élytres, qui
dépassent l'abdomen. Ce sont des insectes nocturnes
qu'il est rare de rencontrer pendant le jour. Les larves,
qui sont également lumineuses, sont très-carnassières et
vivent principalement de mollusques terrestres. *L. noctiluca*, 10 à 15 mill., brun, corselet d'un jaune grisâtre,
avec le disque obscur, élytres longues, parallèles, ayant
chacune 2 lignes élevées, dessous noir, poitrine, pattes
et les deux derniers segments de l'abdomen d'un jaune
pâle. La femelle, plus commune et plus connue que le
mâle, n'a ni ailes, ni moignons d'élytres, elle est d'un
brun foncé, avec les bords des segments d'un jaune
rougeâtre. *L. splendidula*, 8 à 10 mill., d'un fauve très-
clair, corselet ayant en avant 2 taches tout-à-fait translucides, élytres plus courtes; femelles ayant des moignons d'élytres; centre et midi de la France.

    b. Antennes écartées à la base; corselet presque
        carré, ne recouvrant pas la tête.

Les **Telephorus** ont le corps allongé, presque
parallèle, extrêmement mou et se déformant assez facilement; la tête est presque entièrement dégagée du corselet, rétrécie en arrière, terminée par un large museau,

les mandibules sont arquées, aigües, le dernier article
des palpes maxillaires est obliquement sécuriforme, les
antennes sont filiformes, assez longues, les pattes sont
assez grandes, les tarses ont le 4ᵉ article bilobé, les
crochets sont tantôt simples, tantôt fendus.

Ce sont des insectes extrêmement carnassiers; ils se
nourrissent surtout de mouches et d'autres insectes et
se dévorent souvent entr'eux. *T. fuscus*, 14 mill., d'un
brun noir, pubescent, devant de la tête d'un brun rougeâtre, corselet d'un rouge ferrugineux, avec une tache
discoïdale noire, côtés et les deux derniers segments
de l'abdomen rouges, pattes antérieures d'un roussâtre
obscur, bases des intermédiaires rougeâtre; très-commun
partout; employé souvent pour la pêche à la ligne, sous
le nom de *Moine. T. oculatus*, 16 à 18 mill., couleur
du précédent, mais moins foncé, corselet rouge avec
deux gros points noirs; Fr. mér. *T. abdominalis*,
11 mill., noir, élytres d'un beau bleu foncé, bouche et
abdomen d'un jaune rouge, assez commun dans les
montagnes. *T. tristis*, 18 mill., noir, à pubescence
cendrée, bouche, base des antennes et extrémité des
cuisses d'un brun roussâtre; commun dans les montagnes. *T. fulvicollis*, 12 mill., élytres d'un brun noir,
à pubescence cendrée, tête d'un roux testacé avec une
tache noire, corselet d'un roux ferrugineux, plus pâle
sur les bords, côtés de l'abdomen et dernier rouges,
pattes d'un roux testacé, jambes postérieures et intermédiaires noires, base des antennes rousses. *T. lividus*,
8 mill., dessus d'un roussâtre pâle, plus testacé sur les
élytres, dessous d'un noir bleuâtre, bords des segments
abdominaux et le dernier tout entier roux. *T. mela-*

murus, 7 mill., même coloration en dessus, élytres finement ponctuées et terminées par une tache noire, tarses et antennes brunâtres; c'est un des insectes les plus communs sur les ombellifères, les blés, etc. *T. pallidus*, 5 mill., noir, élytres d'un roux testacé très-pâle, allongées, corselet rétréci en avant, pattes d'un jaune pâle; commun sur les ombellifères.

II. Antennes insérées latéralement au devant des yeux.

Les **Drilus** sont remarquables par leurs antennes flabellées chez les mâles, qui ont des élytres recouvrant tout l'abdomen; leur corselet est transversal, un peu plus étroit que les élytres et l'épistôme est confondu avec le front; les femelles sont aptères et ressemblent à de gros vers; les larves vivent dans les hélices ou colimaçons (*Helix nemoralis*), et il faut en casser un grand nombre avant d'en trouver une seule. *D. flavescens*, mâle, 4 mill., noir, à pubescence fauve, rugueusement ponctué, élytres d'un jaune roux, très-commun dans les haies; femelle, 10 à 12 mill., épaisse, convexe, sans ailes, rougeâtre, avec la base des segments noire; rare.

Les **Malachius** ont le corps oblong, la tête saillante, rétrécie en avant, l'épistôme séparé du front par une suture transversale, les palpes filiformes, à dernier article plus ou moins acuminé, les antennes sont atténuées à l'extrémité, parfois élargies ou lobées à la base chez les mâles, le corselet est assez plane, presque arrondi, les élytres sont oblongues ou ovalaires, souvent plissées et épineuses à l'extrémité chez

les mâles, les pattes sont assez grêles. Ces insectes
sont remarquables par les vésicules rouges, appelées
cocardes, qu'ils peuvent faire sortir sur les côtés du corselet et de l'abdomen quand on les irrite. Ils sont très-
agiles, très-carnassiers. *M. œneus*, 6 à 7 mill., d'un vert
métallique, élytres rouges avec une large bande suturale
verte, côtés du corselet rouges, bouche jaune; les
3 premiers articles des antennes élargis en une dent
jaune pâle chez les mâles. *M. rufus*, 5 à 7 mill., dessus
d'un beau rouge avec la tête et une bande médiane
d'un vert bronzé, dessous et pattes de cette couleur;
Fr. mér. *M. marginellus*, 5 mill., d'un vert brillant,
côtés du corselet et extrémité des élytres d'un jaune
rougeâtre, ainsi que la bouche, les articles 3 à 7 des
antennes dentés chez les mâles, dont les élytres sont
plissées et épineuses à l'extrémité. *M. bipustulatus*,
6 1/2 mill., vert, extrémité des élytres d'un jaune rougeâtre, corselet taché de rouge aux angles antérieurs,
extrémité des élytres simple chez les mâles; très-commun partout.

Les **Anthocomus** sont généralement plus étroits
que les *Malachius*, dont ils diffèrent par les antennes
insérées en avant des yeux et non entre les yeux, et par
les tarses non velus en dessous. *A. sanguinolentus*,
4 mill., d'un noir bronzé, tête d'un jaune pâle en avant,
élytres et bords latéraux du corselet d'un rouge foncé.
A. equestris, 3 mill., d'un bleu foncé, verdâtre, élytres
noires, ayant chacune une grande tache partant des
épaules jusqu'au milieu et une bande apicale d'un beau
rouge. *A. fasciatus*, 3 mill., même coloration, mais la
tache antérieure des élytres formant une large bande
transversale.

.. Les **Dasytes** diffèrent surtout des *Malachius* par l'absence de vésicules rouges; le corps est aussi plus allongé, mais les antennes et les pattes sont plus courtes, et au lieu d'être glabre ou à peine pubescent, leur corps est assez longuement velu; les crochets des tarses sont lobés en dedans. Leurs larves vivent dans le vieux bois; les insectes parfaits se trouvent sur les fleurs. *D. pilosus*, 5 à 6 mill., oblong, un peu convexe, noir, brillant, hérissé d'assez longs poils; mâles ayant les jambes antérieures terminées par un fort crochet, les postérieures terminées par un appendice comprimé, arqué presque à angle droit; femelles ayant une rangée de poils gris sur la suture et sur les côtés des élytres, pattes sans crochets, ni appendices; Fr. mér. *D. quadripustulatus*, 3 à 4 mill., oblong, très-convexe, finement et densément ponctué, à villosité noire, courte, élytres ayant chacune deux grandes taches rouges; Fr. mér. *D. nigricornis*, 3 1/2 mill., d'un vert bronzé foncé, jambes, tarses et base des antennes d'un roux testacé, élytres convexes, fortement ponctuées, pubescentes. *D. cœruleus*, 5 mill., d'un bleu d'acier, parfois verdâtre, antennes et pattes presque noires, élytres peu convexes, fortement ponctuées; très-commun partout. *D. plumbeus*, 2 1/2 mill., d'un bronzé plombé, jambes rousses et tarses bruns, élytres arrondies à l'extrémité, finement striées, finement velues. *D. linearis*, 4 mill., très-allongé, parallèle, d'un verdâtre presque mat, plus brillant en dessous, pattes et antennes noires, élytres presque pointues à l'extrémité, très-ponctuées.

On peut ranger à la suite des Malacodermes, à raison de la mollesse de leurs téguments et de leurs antennes

assez courtes, en scie : 1° le g. **Hylecœtus**, corps
allongé, presque cylindrique, tête grande, à peine moins
large que leur corselet, antennes flabellées chez les
mâles, corselet en carré transversal, élytres longues,
un peu plus courtes que l'abdomen, 1er article des
tarses très-allongé. *H. dermestoïdes*, d'un roux testacé,
tête et corselet souvent noirs, extrémité parfois noire ;
les mâles sont bien plus petits que les femelles et ont
des palpes maxillaires énormes, flabellés ; dans les
montagnes, sur les sapins ; 2° le g. **Lymexylon**,
corps plus étroit et bien moins épais, yeux gros et
saillants, antennes grêles, palpes maxillaires robustes
et appendiculés chez les mâles, corselet un peu plus
long que large. *L. navale*, 6 à 10 mill., d'un jaune
testacé brillant, élytres souvent enfumées à l'extrémité,
tête noire ; le mâle est souvent plus foncé, vit dans le
chêne et cause souvent de grands dommages dans les
arsenaux maritimes.

FAMILLE DES CLÉRIDES OU TÉRÉDILES.

Ces insectes, peu nombreux, ne diffèrent guère des précédents que par la forme du corselet rétréci à la base, par les antennes terminées par une massue plus ou moins comprimée, dentée et par les tarses un peu déprimés, munis en dessous de lamelles plus ou moins développées, à 4e article bilobé ou échancré ; leurs téguments sont aussi plus solides. Leurs larves sont carnassières et vivent aux dépens d'autres insectes.

Le g. **Thanasimus** se compose d'espèces à coloration élégante, leur tête est assez grande, les antennes sont assez courtes, s'élargissant peu à peu vers l'extrémité, les palpes labiaux sont bien plus longs que les maxillaires, le dernier article est sécuriforme, le corselet est sillonné transversalement à la base.

Ces insectes se trouvent sur les bois morts, où leurs larves ont vécu aux dépens d'autres insectes qui ravagent les arbres. *T. mutillarius*, 8 à 10 mill., finement ponctué, velu, noir, élytres ayant la base d'un rouge orangé, puis deux bandes transversales blanches, la 2e beaucoup plus large, placée avant l'extrémité, ponctuation très-forte à la base, moins vers l'extrémité ; sur les pins. *T. formicarius*, 7 mill., plus petit, plus étroit, moins velu, tête noire, corselet rouge, les élytres colorées de même, mais la bande blanche antérieure, entière, sinuée, et remontant vers la suture ; commun sur les tas de bois de chêne.

Les **Clerus** ou Clairons diffèrent des précédents par les palpes maxillaires et labiaux à peu près égaux, les premiers terminés par un article triangulaire, plus long que large, le corselet est également resserré et sillonné transversalement à la base, les élytres sont un peu élargies et arrondies en arrière, les tarses sont assez longs, le 1er article court. Ces insectes sont ornés de vives couleurs et hérissés d'assez longs poils peu serrés ; leurs élytres d'un rouge vif, sont coupées par des bandes ou des taches noires ; on les trouve, à l'état parfait, sur diverses fleurs, notamment celles des ognons et des ombellifères ; leur larves vivent dans les nids d'hyménoptères et dans les ruches d'abeilles. *C. apiarius*, 12 à 15 mill., d'un bleu assez brillant, à reflets verdâtres, finement ponctué, élytres rugueusement ponctuées, ayant 2 bandes transversales et une tache apicale d'un bleu noir, abdomen bordé de rouge ; cuisses postérieures renflées et arquées chez les mâles ; très-commun, sa larve fait des ravages dans les ruches. *C. alvearius*, même taille et coloration, mais plus fortement ponctué, presque mat, suture, une tache carrée autour de l'écusson, 2 bandes transversales et une tache avant l'extrémité, d'un bleu noir ; très-commun, sa larve vit dans les nids des abeilles maçonnes. *C. octopunctatus*, 14 à 17 mill., élytres rouges, ayant chacune 2, 3 ou 4 points noirs très-variables ; commun dans le Midi.

Les **Corynetes** ou Nécrobies n'ont que 5 segments à l'abdomen, au lieu de 6 que présentent les genres précédents ; en outre, leur corselet, très-rétréci à la base, présente sur les côtés une ligne longitudinale saillante et le 4e article des tarses est à peine distinct ;

les antennes sont courtes, terminées par une petite
massue de 3 articles; les tarses sont assez courts, le
1er article est recouvert en dessus par le 2e, les crochets sont munis d'une large dent basilaire. Ces insectes, d'un bleu d'acier, se trouvent dans les pelleteries,
les matières animales desséchées, où ils font proba-
blement la chasse aux larves des Anthrènes et des Dermestes. *C. cœruleus*, 4 1/2 mill., d'un bleu verdâtre
ou d'acier très-brillant, massue des antennes et tarses
brunâtres, élytres un peu élargies au-delà du milieu,
assez fortement ponctuées; très-commun dans les
maisons. *C. violaceus*, 3 1/2 mill., d'un bleu plus
foncé, corselet élargi au milieu, élytres à fortes stries
ponctuées; commun. *C. rufipes*, 5 mill., bleu, avec les
pattes, la base des antennes et la bouche d'un testacé
rougeâtre, élytres à stries ponctuées, s'effaçant au
milieu. *C. ruficollis*, même taille, bleu, avec le corselet,
la base des élytres, la poitrine et la base des antennes
d'un rouge un peu jaunâtre; Fr. mér.

FAMILLE DES PTINIDES.

Ce sont de petits insectes à corps épais, à tête inclinée en dessous, à antennes longues, assez épaisses; leur corselet, très-convexe, cache la tête et est souvent orné de proéminences assez saillantes; leurs hanches anté-rieures sont rapprochées, saillantes, leurs pattes sont assez grandes, débordant de beaucoup les élytres, les tarses ont 5 articles et le 1er est bien développé.

Les **Ptinus** sont pubescents, ailés, leurs élytres ne sont ni soudées, ni comprimées latéralement, toujours ponctuées, leur corselet est inégal, garni de tubercules ou rugueusement ponctué; ce sont de petits insectes vivant sous les mousses, dans les greniers, dans les recoins des celliers et des étables; quelques-uns font des ravages dans les collections d'histoire naturelle, dans les pelleteries, les tapis, etc. *P. imperialis*, 3 à 4 mill., d'un brun noirâtre, corselet caréné, ayant en arrière deux dents obtuses, élytres en carré oblong, ayant chacune une tache formée par une pubescence blanchâtre, sinuée et arquée; ces deux taches simulant par leur réunion une grossière ébauche de l'aigle à 2 têtes. *P. rufipes*, 3 1/2 mill., presque cylindrique, d'un brun rougeâtre, pubescent, élytres à fortes stries ponctuées, intervalles un peu relevés; sur chacune deux bandes blanches plus ou moins interrompues, pattes et antennes rougeâtres. *P. fur*, 3 à 3 1/2 mill., d'un brun plus ou moins roussâtre, élytres presque cylindriques chez les mâles, ovalaires chez les femelles, ayant derrière les épaules et avant l'extrémité une tache de pubescence blanchâtre; extrêmement commun dans toutes les maisons. *P. latro,* 3 mill., d'un roussâtre obscur, élytres cylindriques chez les mâles, ovalaires chez les femelles, mais sans taches, à stries ponctuées, les points gros et carrés; trop commun dans les collections d'histoire naturelle. *P. crenatus,* 2 mill., brun, à pubescence cendrée, corselet beaucoup plus large que long, couvert de poils serrés, élytres ovalaires globuleuses, à profondes stries, fortement crénelées; assez commun dans les Alpes.

Le g. **Gibbium** a le corps fortement gibbeux, comme vésiculeux, mais dur et luisant, comprimé latéralement, les antennes longues, le corselet très-court, uni, angulé au milieu en arrière; les élytres sont soudées, lisses et glabres, les pattes sont grandes, les trochanters postérieurs presque aussi longs que les cuisses. *G. scotias,* 3 mill., d'un brun rougeâtre très-brillant, glabre, tête et partie antérieure du corselet noirâtres, pattes et antennes d'un testacé rougeâtre; ressemble à une grosse puce et se trouve souvent dans les vieilles maisons, dans les vases, les cuvettes placées dans des coins obscurs.

FAMILLE DES ANOBIIDES.

Ces insectes ont quelque analogie avec les précédents; mais leurs antennes sont bien moins longues et terminées soit par 3 articles plus longs et plus épais, soit par une massue nettement tranchée; la tête est inclinée en dessous, le plus souvent invisible en dessus; le corselet est avancé en avant en forme de capuchon ou est fortement renflé, les hanches antérieures sont oblongues et saillantes, les pattes sont courtes. Tous vivent, soit dans les vieux bois qu'ils percent dans tous les sens, ou dans diverses matières végétales desséchées; ils se contractent fortement à la moindre alerte.

Les **Anobium** ont le corps oblong, épais, très-convexe, la tête enfoncée dans le corselet, les antennes de longueur variable, les 3 derniers articles plus ou moins allongés, un peu comprimés, le corselet transversal, largement arrondi au bord antérieur, bisinué au bord postérieur, les tarses à 1er article le plus long, le 4e souvent échancré ou un peu bilobé. Toutes les espèces de ce genre sont nuisibles, soit aux bois de construction, soit aux arbres vivants, soit aux substances végétales desséchées. Leurs larves percent les boiseries, les meubles, les livres même, et les criblent de petits trous comme ceux que ferait un coup de fusil chargé de cendrée très-fine; ce sont leurs excréments qui forment ces petits tas de poussière rousse que l'on voit souvent sur le plancher et sur les meubles. Ces insectes pour se retrouver frappent rapidement avec leurs mandibules les parois de leurs galeries ; c'est le bruit qu'on entend souvent pendant la nuit et qu'on appelle vulgairement l'horloge de la mort. *A. tessellatum*, 6 mill. 1/2, d'un brun presque mat, avec de nombreuses petites taches formées par une pubescence roussâtre ; corselet et élytres unis, ponctués, pattes et antennes fauves. *A. pertinax*, 4 mill., plus étroit, un peu comprimé latéralement, d'un brun foncé, pubescent, corselet relevé postérieurement en un tubercule pointu, élytres à stries ponctuées ; commun dans les maisons. *A. paniceum*, 3 mill., d'un marron fauve, finement pubescent, corselet uni ; beaucoup plus large que long, élytres à peine plus larges que le corselet, finement et régulièrement striées, les stries ponctuées, pattes et antennes fauves ; très-commun dans les vieux pains à cacheter, les graines farineuses, les herbiers, etc.

Les **Ptilinus** ont les mêmes mœurs et se trouvent aussi dans les maisons ; ils sont cylindriques, leur corselet est presque globuleux et leurs antennes, assez courtes, sont pectinées chez les mâles et fortement dentées chez les femelles ; les palpes labiaux sont très-allongés. *P. pectinicornis*, 4 mill., noirâtre, presque mat, élytres finement ponctuées, parfois brunes, antennes et pattes plus claires ; assez commun dans les maisons et les chantiers.

Le g. **Ochina** a le corps oblong, convexe, la tête verticale, les antennes étroites, assez longues, légèrement dentées en scie, le dernier article allongé, les tarses sont étroits, le 1er article presque aussi long que tous les suivants réunis. *O. hederæ*, 2 1/2 mill., d'un brun marron, antennes et pattes rousses, élytres couvertes d'une pubescence cendrée très-serrée, avec une bande à la base et une autre au milieu, d'un brun marron; commune dans les vieux lierres.

Les **Apate** ont le corps très-épais, très-cylindrique, le corselet extrêmement convexe, couvert d'aspérités, les antennes courtes, de 9 ou 10 articles, terminées par une brusque massue de 3 articles, les élytres tronquées et souvent épineuses à l'extrémité, les hanches antérieures épaisses, subovalaires, saillantes, les tarses de 5 articles, mais le 1er très-petit, souvent peu visible. Ils vivent dans le bois. *A. capucina*, 5 à 12 mill., d'un noir foncé, élytres et abdomen d'un beau rouge, corselet couvert de granulations serrées, plus saillantes en avant, élytres arrondies à l'extrémité, rugueusement ponctuées; commun sur les tas de souches d'arbres. *A. sexdentata*, 5 mill., très-court, d'un brun marron, antennes et pattes plus claires, corselet noirâtre, à granulations très-pointues; élytres rugueuses, ponctuées, tronquées et excavées à l'extrémité avec 4 épines; Fr. mér.

A la suite de ces insectes se place le g. **Lyctus** dont le faciès est bien différent; le corps est allongé, parallèle, subdéprimé, la tête est un peu inclinée, découverte, le labre est bilobé, les antennes sont terminées par une massue de 2 articles, le corselet est presque carré, l'écusson est extrêmement petit, les élytres sont longues, unies, arrondies au bout. *L. canaliculatus*, 5 mill., d'un jaune roux, tête et corselet densément ponctués, ce dernier à peine rétréci en arrière, largement sillonné, élytres finement striées; vit dans le vieux bois, se trouve souvent dans les maisons.

FAMILLE DES HÉTÉROMÈRES.

Cette famille comprend plusieurs tribus, de formes, de caractères et de mœurs très-différents, mais qui ont entre elles ce point commun d'avoir les tarses hétéromères, c'est-à-dire les 4 antérieurs de 5 articles et les 2 postérieurs de 4 seulement.

I. Hanches antérieures globuleuses, à peine saillantes, séparées par le prosternum. Crochets des tarses simples ; antennes insérées sous les bords latéraux de la tête (Ténébrionides).

Cette tribu, bien peu nombreuse dans le centre et le nord de la France, est mieux représentée aux bords de la Méditerranée ; elle se compose d'insectes presque toujours de couleur noire (d'où le nom de Mélasomes, qui leur a été longtemps donné) ou d'un fauve obscur, rarement d'un bronzé un peu métallique. Leur tête a presque toujours une forme pentagonale, leurs yeux sont peu saillants et indiquent que ce sont des insectes nocturnes ou crépusculaires, vivant soit à l'abri des pierres, soit sous les écorces et les mousses, soit enterrés ; quelques-uns cependant se trouvent dans les endroits les plus arides et ne craignent pas la chaleur du soleil. Leurs formes sont très-variées.

A. Antennes assez grêles, épistôme entier ou seulement sinué, laissant le labre à découvert; élytres presque toujours soudées; tarses garnis en-dessous de soies raides ou de fines épines.

* Dernier article des palpes maxillaires à peine plus gros que le précédent; élytres soudées.

Les **Tentyria** ont le corps oblong, le corselet plus étroit que les élytres, très-rétréci à la base, fortement arrondi sur les côtés, les élytres sont ovalaires, convexes, l'épistôme forme un angle obtus ou arrondi qui recouvre la base du labre; les tarses sont grêles. *T. mucronata*, 12 à 15 mill., d'un noir peu brillant, assez finement ponctuée sur la tête et le corselet, ce dernier ayant le bord postérieur tronqué et muni de 2 petites dents; écusson plus long que large, élytres à peine ponctuées, mais légèrement striées, les stries un peu inégales; commune aux bords de la Méditerranée. *T. interrupta*, 12 mill., diffère par le bord postérieur du corselet peu arqué, sans dents, par l'écusson plus large que long; commune aux bords de la mer, dans les Landes et surtout à Arcachon; quand l'insecte est très-fait, il est convert d'une efflorescence blanchâtre.

Les **Pimelia** ont au contraire le corps ramassé, les élytres presque arrondies, la tête est enfoncée jusqu'aux yeux dans le corselet qui est court, fortement arrondi sur les côtés; l'épistôme est coupé droit et ne cache pas la base des mandibules qui sont courtes et épaisses; le bord réfléchi des élytres est très-large. *P. bipunctata*, 15 mill., d'un noir à peine luisant, souvent saupoudrée de poussière terreuse, corselet granuleux

sur les côtés, ayant sur le disque 2 points enfoncés,
souvent confondus dans une impression transversale,
élytres ayant chacune 3 côtes, outre la suture et le bord
externe qui sont carénés, intervalles finement rugueux;
commun au bord de la Méditerranée.

Les **Akis** sont oblongs, très-épais, mais à peine
convexes, en dessus, leur épistôme est échancré et recouvre la base des mandibules, les yeux sont un peu
entamés par les joues, le corselet est large, échancré
en avant, très-aplani et rebordé latéralement, avec les
angles postérieurs saillants, les élytres ont un large bord
réfléchi, les pattes sont assez grandes. *A punctata*, 15
à 20 mill., d'un noir brillant, corselet et élytres plissées
sur les côtés, ces dernières carénées sur le bord externe
et granuleuses au milieu des plis; midi de la France.

Dans les genres suivants, la tête est plus allongée et
les yeux sont notablement distants du bord antérieur
du corselet. G. **Elenophorus**, tête et corselet
presque cylindriques, beaucoup plus étroits que les
élytres, qui sont courtes, ovalaires, déprimées, fortement carénées sur les côtés, l'épistôme, tronqué au
milieu, s'avance de chaque côté sur la base des mandibules, les pattes sont grandes et grêles, le bord réfléchi
des élytres est aussi grand que la partie dorsale. *E.*
collaris, 15 à 20 mill., noir presque mat, tête carénée
et sillonnée transversalement en arrière, corselet légèrement sillonné au milieu, élytres unies; bords de la
Méditerranée.

Les **Tagenia** sont de petits insectes propres aux
mêmes régions que les précédents; ils sont très-allongés,
la tête est aussi longue que le corselet, les yeux sont

éloignés de ce dernier; l'épistôme est avancé et cache
la base des mandibules, les antennes sont courtes, à
articles plus larges que longs, le corselet est oblong,
plus étroit que les élytres qui sont allongées et acuminées. *T. angustata*, 6 à 7 mill., d'un noir peu
luisant, écusson en carré plus large que long, ponctuation fine, écartée en dessus, nulle en dessous;
élytres à lignes ponctuées; commune en Provence.

Les **Scaurus** sont gros, épais, assez convexes, la
tête est inclinée, rétrécie à la base, l'épistôme cache de
chaque côté la base des mandibules; les yeux sont encore éloignés du corselet, qui est très-bombé; les antennes sont assez fortes, mais leurs articles sont allongés;
les élytres, anguleusement arrondies aux épaules, sont
tantôt unies, tantôt fortement carénées; leurs pattes
sont robustes, surtout les antérieures, et quelquefois
épineuses; ils sont également propres aux côtes médi-
terranéennes. *S. tristis*, 15 à 18 mill., d'un noir presque
mat, élytres ayant chacune 3 côtes saillantes, la plus
rapprochée de la suture ne commençant qu'au milieu,
suture relevée en arrière, intervalles à peine ponctués
en ligne. *S. atratus*, 10 à 14 mill., élytres sans côtes,
la suture seulement un peu relevée en arrière, à lignes
ponctuées assez bien marquées.

** Dernier article des palpes maxillaires triangulaire, notablement plus gros que l'avant-
dernier.

Les **Asida** ont le corps ovalaire, épais, convexe,
couvert généralement d'un enduit terreux; leurs antennes, assez grêles, ont le dernier article presque caché

dans le 10e, le corselet, presque aussi large que les
élytres, est rebordé, le bord postérieur est fortement
sinué de chaque côté, les élytres sont ovalaires, courtes,
soudées; on les trouve dans les endroits arides. *A.
grisea*, 12 à 14 mill., d'un brun noir, souvent couverte de terre, corselet granulé, élytres plus finement
granulées et ayant chacune 4 côtes un peu en zig-zag,
granuleuses et velues.

Les **Blaps** ont le corps ovalaire-oblong, très-épais,
mais un peu aplani sur le dos et très-lisse, les antennes
assez courtes, à dernier article dégagé du précédent,
les élytres enveloppent l'abdomen et se terminent par
une pointe obtuse plus ou moins saillante; leurs pattes
sont assez grandes et cependant leurs mouvements sont
peu vifs. Tous sont d'un noir peu brillant et habitent
les caves, les ruines, souvent les endroits où l'on dé-
pose des matières fécales; ils exsudent un liquide hui-
leux, d'une odeur désagréable, qui persiste longtemps
sur les doigts. *B. mortisaga*, 20 à 25 mill., ovalaire-
oblong, corselet presque carré, presque plat, élytres
assez déprimées sur le dos, un peu élargies en arrière,
finement ponctuées, se terminant par un prolongement
court et obtus, un peu plus saillant chez les mâles;
commun dans toute la France, dans les caves, les celliers. *B. gigas*, 25 à 35 mill., assez allongé, convexe,
peu luisant, presque lisse, corselet élargi sur le milieu
des côtés, un peu rétréci en arrière, élytres terminées
par un prolongement très-saillant, divergent, horizontal;
jambes postérieures un peu arquées chez les mâles;
commun dans le Midi.

Les **Crypticus** diffèrent des précédents par leur

taille petite, leurs élytres non soudées, l'épistôme non
échancré, le corselet grand, arrondi sur les côtés, les
antennes grossissant un peu vers l'extrémité, les élytres
presque moins larges à la base que le corselet ; ce sont
des insectes très-agiles, au contraire des précédents ;
on les trouve dans les endroits sablonneux. *C. quisqui-
lius*, 5 à 6 mill., oblong, médiocrement convexe, d'un
noir peu brillant en dessus, plus en dessous, antennes
un peu comprimées, brunes, élytres presque parallèles
ou à peine atténuées en arrière, à ponctuation à peine
distincte, formant parfois de petites lignes.

B. Antennes assez courtes, assez épaisses ; épis-
      tôme fortement échancré, le labre n'étant vi-
      sible que dans cette échancrure ; élytres non
      soudées.

Les **Pandarus** sont ovalaires, assez épais, mais peu
convexes, leurs yeux sont entiers, leurs antennes sont
un peu comprimées, grossissant légèrement vers l'extrémité, le corselet, transversal, a le bord postérieur
fortement sinué de chaque côté, avec les angles prolongés largement en arrière, les élytres sont un peu
ovalaires, à stries fortement ponctuées ; le 1er article
des tarses postérieurs est aussi long que les 2 suivants. *P. coarcticollis*, 12 mill., d'un noir peu brillant,
corselet à côtés arrondis, puis fortement redressés à la
base, réticulé, ayant au milieu un fin sillon, élytres à
ponctuation fine un peu rugueuse, intervalles des stries
presque plans, un peu relevés à l'extrémité, le 7e
presque caréné ; Fr. mér.

Les **Phylax** sont presque parallèles, assez con-

vexes; leurs yeux sont coupés par les joues et leur tête
est enfoncée presque jusqu'aux yeux, le corselet est
légèrement arrondi sur les côtés, les angles postérieurs
sont pointus et s'appuient sur les épaules des élytres ;
les jambes antérieures s'élargissent vers l'extrémité.
P. littoralis, 10 mill., oblong, d'un noir peu brillant,
un peu plus sur les élytres, corselet finement et densément ponctué, côtés sinués à la base, élytres à stries
bien marquées, fortement ponctuées, intervalles finement et rugueusement ponctués, alternativement plus
plus saillants; commun aux bords de la Méditerranée,
sous les pierres.

Les **Héliopathes** ont également le corps oblong
et convexe, mais les côtés du corselet sont brusquement
redressés à la base et le bord postérieur n'est pas
bisinué; les épaules des élytres présentent une impression pour recevoir les angles postérieurs du corselet;
quand ces insectes sont frais, ils sont recouverts d'une
fine pruinosité blanchâtre que le frottement fait rapidement disparaître. *H. abbreviatus*, 12 mill., oblong, d'un
noir assez brillant, corselet finement ponctué, élytres à
épaules bien marquées et à fines lignes ponctuées avec
les intervalles encore plus finement ponctués ; Fr. mér.,
des Alpes aux Pyrénées. *H. gibbus*, 8 à 9 mill., médiocrement convexe, d'un noir assez brillant, corselet
moins arrondi sur les côtés, densément et assez finement ponctué, élytres à épaules moins pointues, à stries
plus fortes et plus fortement ponctuées, avec les intervalles presque rugueusement ponctués et alternativement plus convexes; très-commun sur les plages sa-
blonneuses de la Manche et de l'Océan.

Les **Opatrum** se distinguent des insectes précédents par des mœurs fouisseuses; aussi leurs yeux sont-ils à peine saillants, débordés par les joues qui les coupent par une lame sur laquelle vient s'appuyer l'angle antérieur du corselet; celui-ci est largement marginé sur les côtés, les élytres sont striées ou sculptées, les antennes courtes, grossissant un peu vers l'extrémité, les jambes antérieures sont larges et propres à fouir, mais non dentées; ils sont d'un brun noirâtre mat et presque toujours couverts de poussière. *O. sabulosum*, 8 mill., corselet granuleux, aplani et rebordé sur les côtés, bord postérieur sinué de chaque côté, élytres striées, ces stries interrompues par des granulations assez fortes, intervalles granuleux et alternativement plus saillants; dans les endroits arides. *O. rusticum*, 6 à 8 mill.; oblong, presque parallèle, très-peu convexe, d'un brun noirâtre, avec des soies courtes, hérissées, roussâtres, antennes brunes, plus claires à l'extrémité, corselet légèrement arrondi sur les côtés qui sont un peu relevés, ponctués et râpeux, élytres à stries finement ponctuées, intervalles presque unis, finement rugueux.

Le g. **Microzoum** a le facies d'un petit *Opatrum sabulosum*; il est caractérisé par la forme des jambes antérieures qui sont larges, triangulaires et dentées en dehors. *M. tibiale*, 4 mill., convexe, d'un noir presque mat, corselet faiblement arrondi sur les côtés qui se redressent à la base, bord postérieur droit, ayant une impression au milieu de la base, relevé au milieu du disque, élytres à 4 ou 5 sillons peu enfoncés, avec les intervalles inégaux, ondulés; communs dans les endroits sablonneux, exposés au soleil.

C. Antennes courtes, perfoliées, grossissant vers
l'extrémité; épistôme entier; élytres libres.
Le corps est ovalaire et convexe, avec les
pattes souvent fouisseuses, dans les genres
suivants :

Les **Trachyscelis** ont le corps court, très-convexe, les yeux peu apparents, cachés en partie par le
bord antérieur du corselet qui est cilié sur les côtés,
ainsi que les élytres, les jambes fortement épineuses,
les antérieures presque triangulaires; ce sont des insectes fouisseurs, vivant enterrés dans les sables, au
bord de la mer. *T. aphodioides*, 4 mill., ovalaire,
court, lisse, d'un noir brillant, dessous d'un noir
presque mat, élytres à stries ponctuées, les internes
profondes, les autres peu marquées, prosternum comprimé, roux, garni de longs poils roussâtres, pattes
fauves, velues; commun sur les côtes de la Méditerranée et de l'Océan jusqu'à la Bretagne. *T. rufus*,
3 mill., de même forme, mais d'un fauve testacé, couvert d'une fine ponctuation râpeuse; élytres sans stries
visibles garnies de longs poils rangés en séries longitudinales, prosternum assez large, non comprimé comme
dans l'espèce précédente, jambes antérieures simplement festonnées; propre aux bords de la Méditerranée.

Les **Phaleria** sont aussi des insectes maritimes,
mais leur corps est plus oblong, bien moins convexe,
lisse, non cilié latéralement et d'un roux ou d'un fauve
clair, leurs yeux sont très-visibles, leurs antennes sont
plus allongées et renflées à partir du 6e article. *P. he-
misphærica*, 4 mill., ovale, court, convexe, d'un

jaune pâle, lisse, élytres à stries très-fines ; bords de la Méditerranée. *P. cadaverina*, 6 à 7 mill., ovale-oblongue, peu convexe, d'un fauve jaunâtre, médiocrement brillant, corselet trapézoïdal, finement ponctué, ayant de chaque côté, à la base, une strie très-courte, élytres ovalaires, à fines lignes ponctuées, ayant quelquefois, au milieu du disque, une tache noirâtre, commune dans le sable, au bord de la mer, sous les matières végétales ou animales ; toute la France.

Les pattes ne sont nullement fouisseuses dans les genres suivants :

Les **Diaperis** ont le corps presque globuleux, très-lisse, les antennes perfoliées, les yeux gros, très-rapprochés en-dessous ; le prosternum comprimé, reçu dans une fente du mésosternum, le dernier article des tarses postérieurs aussi long que les 3 précédents réunis. *D. boleti*, 7 mill., d'un noir brillant, front concave, corselet à peine ponctué, élytres à lignes ponctuées formant de fines stries ; sur chacune 3 bandes d'un jaune rougeâtre : la 1re à la base, la 2e au milieu, la 3e apicale ; commun dans les champignons.

Les **Platidema** sont plus ovalaires, moins convexes, leurs antennes plus grêles sont moins dentées et se terminent par une petite massue ; le prosternum est plus large au milieu et le 1er article des tarses postérieurs est à peu près aussi grand que le dernier et que les 2e et 3e réunis. *P. europœa*, 6 mill., d'un noir mat en-dessus, dessous, pattes, antennes et palpes roux, corselet finement ponctué, élytres à stries peu profondes, ponctuées, intervalles un peu convexes, plus finement ponctués que le corselet ; Fr. mér., dans les bolets. *P. euro-*

pœa, 7 à 9 mill., d'un bleu violet brillant en-dessus, dessous et pattes d'un brun noir, antennes brunes à la base, plus claires vers l'extrémité ; une fossette au milieu du front, corselet assez finement ponctué, élytres à stries fines, ponctuées, les intervalles presque plans, très-finement ponctués ; sous la mousse, au pied des arbres; nord et est de la Fr.

Les **Bolitophagus** vivent aussi dans les champignons ; leur corps épais est presque parallèle, leur tête est aplatie en lame demi-circulaire dont le bord entame les yeux, le corselet embrasse la tête par les angles antérieurs qui sont saillants, les côtés sont plus ou moins denticulés, les élytres ont de fortes stries, fortement crénelées, le pygidium est recouvert par les élytres, les jambes sont grêles, le 1er article des tarses postérieurs est plus court que le dernier. *B. reticulatus*, 6 à 7 mill., noir ou d'un brun foncé, presque mat sur la tête et le corselet, antennes ciliées en dehors, corselet très-ponctué, sillonné au milieu, crénelé sur les côtés qui sont sinués vers la base avec les angles postérieurs pointus, élytres à stries faibles à la base, profondes en arrière, marquées de points oblongs, les intervalles relevés en côtes ; dans les montagnes, vit dans les bolets, sur les troncs de sapins, hêtres, etc. *B. agaricola*, 3 mill. 1/2, très-convexe, passant du brun rougeâtre au noir, corselet arrondi sur les côtés qui sont finement crénelés, densément et réticuleusement ponctué, sans sillon médian, élytres presque tronquées à l'extrémité fortement striées, les stries crénelées par les points, les intervalles carénés ; très-commun partout dans les bolets qui vivent sur les souches des arbres, chênes, ormes, hêtres, etc.

    D. Antennes médiocrement longues, non perfoliées, plus ou moins en massue; épistôme entier, élytres libres.

    Les **Uloma** sont entièrement d'un roux ferrugineux très-brillant, parallèles, peu convexes, leur tête transversale présente les yeux entiers, les antennes sont assez courtes, un peu comprimées, terminées par une massue de 6 articles, le corselet est transversal, à peine rétréci en avant; les élytres sont fortement striées; les jambes antérieures sont dentelées en dehors, les yeux sont ovalaires. *U. culinaris*, 10 mill., tête assez densément ponctuée, un peu sillonnée au sommet, ayant en avant une impression transversale, corselet finement rebordé et finement ponctué, élytres à stries fortement ponctuées, crénelées, intervalles lisses, à peine convexes; sous les écorces d'arbres; assez rare.

    Le g. **Phthora** diffère par le corps plus court, les antennes terminées par une sorte de massue de 3 articles, les yeux plus longs que larges. *P. Crenata*, 3 1/2 mill., d'un brun roussâtre brillant, corselet ponctué, bord postérieur rebordé par une strie, terminé de chaque côté par une strie courte, élytres à stries profondes, crénelées, intervalles à peine convexes, très-finement ponctués; France méridionale, sur les pins.

    Le g. **Tribolium** ne renferme qu'un petit insecte, allongé, presque parallèle, un peu déprimé; l'épistôme est légèrement sinué, les yeux sont fortement entamés par les joues, le dernier article des palpes est ovalairetronqué, les antennes sont courtes, les derniers articles formant insensiblement une massue, le corselet en carré transversal, les jambes antérieures sont un peu élargies. *T. ferrugineus*, 2 mill., entièrement d'un roux brunâtre, très-finement ponctué, élytres à lignes ponctuées peu distinctes; se trouve dans le son, les grains avariés, la vieille farine, dans presque toutes les substances alimentaires gâtées; est devenu cosmopolite.

Les **Hypophlœus** sont très-allongés, parallèles, convexes, leurs antennes sont fusiformes, un peu comprimées, leur corselet presque carré; les élytres recouvrent le pygidium, les jambes antérieures sont comprimées, mais peu larges, le dernier article des tarses est presque aussi long que les 3 premiers réunis; ces insectes vivent sous les écorces, où leurs larves font la chasse à celles des insectes xylophages. *H. depressus*, 2 mill., peu convexe, d'un brun roux, corselet très-ponctué, faiblement rétréci en arrière, élytres à lignes ponctuées, la 5e ligne formant une strie à la base. *H. castaneus*, 6 mill., convexe, d'un brun marron brillant, corselet d'un tiers plus long que large, finement ponctué, élytres à lignes de points devenant confuses à l'extrémité. *H. bicolor*, 3 1/2 mill., médiocrement convexe, corselet à peine plus long que large, d'un marron brillant, ainsi que la base des élytres, dont le reste est noir.

Les **Calcar** sont également allongés, mais presque aplatis en dessus et vivent à terre dans le midi de la France; leurs antennes, assez courtes, grossissent faiblement vers l'extrémité; le corselet est un carré oblong, les élytres, presque parallèles, sont arrondies à l'extrémité, recouvrant le pygidium, les cuisses sont épaisses,

surtout les antérieures ; les jambes antérieures sont un
peu arquées, et le 1er article des tarses postérieurs est
à peu près aussi long que les 3 premiers réunis. *H.
procerus* ; 5 1/2 mill., d'un noir brillant en dessus,
dessous et pattes d'un brun roussâtre ; corselet finement
ponctué, finement rebordé, les angles postérieurs formant une très-petite dent, élytres à stries ponctuées, les
intervalles à peine ponctués.

. Les **Tenebrio** ont le corps oblong, presque parallèle, médiocrement convexe ; les antennes élargies vers
l'extrémité, les 9e et 10e articles étant plus larges que
longs, le dernier article des palpes maxillaires est
presque triangulaire, les yeux sont transversaux,
échancrés par les joues, le corselet est en carré transversal, les élytres sont grandes, presque parallèles,
arrondies à l'extrémité, les cuisses antérieures sont
renflées, avec les jambes un peu arquées. *T. molitor*,
15 mill., d'un brun noirâtre mat, souvent rougeâtre
sur les élytres, finement ponctué, dernier article des
antennes plus long que large, corselet ayant à la base,
de chaque côté, un court sillon oblique ; écusson pentagonal, élytres à stries finement ponctuées ; intervalles
faiblement convexes ; commun dans les greniers, les
moulins, les magasins de farine ; sa larve, connue sous
le nom de ver de farine, sert pour la nourriture des
rossignols. *T. obscurus*, 15 à 18 mill., plus grand,
d'un noir mat, couvert d'une fine ponctuation râpeuse,
dernier article des antennes transversal, corselet ayant
à la base un bourrelet transversal, élytres à stries finement ponctuées, intervalles faiblement convexes, finement chagrinés ; dans les mêmes endroits.

E. Antennes assez longues et grêles, grossissant à
peine vers l'extrémité, épistôme entier, tarses
garnis en-dessus de poils soyeux.

Les **Helops** ont le corps oblong, convexe, souvent
métallique, leurs antennes, grêles comme celles du
1er groupe, ont le 3e article allongé, les avant-derniers
un peu courts, la tête hexagonale, les palpes maxillaires
assez longs, à dernier article presque sé'curiforme, le
corselet rebordé, l'écusson transversal, les élytres à
peine plus larges à la base que le corselet, obtuses ou
acuminées à l'extrémité, les pattes assez grandes, avec
le 4e article des tarses entier et les crochets simples.
H. lanipes, 10 à 12 mill., allongé, convexe, d'un bronzé
brillant en-dessus, corselet arrondi sur les côtés, qui
sont un peu sinués vers la base, densément ponctué,
élytres rétrécies et sinuées avant l'extrémité, qui se
prolonge en lobe divergent, à lignes fortement ponctuées, ne formant pas de stries, intervalles plans, finement ponctués; commun sous les pierres, au printemps.
H. cœruleus, 13 à 18 mill., allongé, très-convexe,
d'un bleu plus ou moins violet en-dessus, noir en-
dessous, corselet assez court, rugueusement ponctué,
élytres à stries ponctuées, les intervalles presque plans,
assez finement ponctués; France méridionale, dans les
vieux châtaigniers. *H. robustus*, 13 à 15 mill., plus
court, très-convexe, d'un noir assez brillant, faiblement bronzé, corselet presque anguleusement arrondi
sur les côtés, ponctué, élytres à stries assez fines, ponctuées, les intervalles plans, à peine ponctués; France
méridionale, dans les souches des oliviers et des chênes

verts. *H. striatus*, 8 à 10 mill., assez court, médiocrement convexe, d'un brun bronzé assez brillant, souvent rougeâtre, dessous et pattes rougeâtres, corselet transversal, un peu rétréci en avant, assez finement ponctué, élytres obtuses à l'extrémité, à stries fines, finement ponctuées, comme les intervalles; très-commun partout, sous les écorces.

II. Hanches antérieures plus ou moins saillantes, rapprochées, souvent contiguës. Crochets des tarses pectinés; tête peu enfoncée dans le corselet. Antennes insérées latéralement devant les yeux, leur base entièrement découverte ou à peine cachée sous une très-petite saillie (Cistélides).

Les **Mycetochares** sont allongées, leurs antennes sont médiocrement longues, assez épaisses, avec le 3e article plus long que le 4e, leur abdomen est composé de 5 segments, les mandibules sont bifides et le dernier article des palpes maxillaires est notablement plus grand que le précédent; ces insectes vivent dans les débris des vieux troncs d'arbres. *M. barbata*, 6 à 8 mill., d'un noir brillant, bouche, pattes et les 3 premiers articles des antennes d'un roux testacé, ponctué, corselet ayant de chaque côté à sa base une impression oblique, élytres à stries ponctuées, effacées vers l'extrémité. *M. bipustulata*, 5 mill., ne diffère guère du précédent que par une tache humérale d'un jaune orangé. *M. quadrimaculata*, 5 mill., d'un brun noir, avec 2 grandes taches d'un jaune rougeâtre sur chaque élytre; cuisses brunes; Fr. mér.

Les **Cistela**, également allongées, sont plus convexes, leurs antennes sont longues et grêles, avec le 3e article ordinairement moins long que le 4e, la tête est plus saillante, rétrécie en arrière, le dernier article des palpes maxillaires est cultriforme, les hanches sont assez saillantes, le prosternum est comprimé, l'avant-dernier article des tarses a souvent au-dessous une lamelle. Ce sont des insectes fort agiles, qu'on trouve sur les fleurs. *C. fulvipes*, 8 mill., oblong, d'un brun foncé un peu verdâtre, brillant, base des antennes et pattes d'un roux testacé, quelquefois entièrement d'un brun roussâtre, densément ponctué, élytres à stries ponctuées bien marquées, intervalles finement pontués. *C. ceramboïdes*, 10 mill., noire, à fine pubescence soyeuse, élytres d'un roux testacé, densément ponctuées, à stries ponctuées, corselet arrondi en avant avec le bord postérieur bisinué ; antennes dentées en scie. *C. fusca*, 10 mill., d'un brun foncé, couverte d'une pubescence soyeuse, serrée, cendrée, qui lui donne une teinte olivâtre, antennes et pattes d'un roussâtre plus ou moins obscur ; corselet arrondi en avant, bord postérieur à peine sinué, élytres rugueusement ponctuées, à fines stries ponctuées. *C. sulphurea*, 7 à 9 mill., un peu allongée, entièrement d'un beau jaune soufre, très-finement ponctuée, élytres finement striées ; très-commune sur les fleurs.

Les **Omophlus** ont le corps assez mou, le corselet en carré transversal, aplani et tranchant sur les côtés, les mandibules sont entières, l'abdomen est composé de 6 segments, le 1er article des tarses postérieurs est au moins aussi long que les 2 suivants réunis ; les antennes, insérées un peu en avant des yeux, sont presque filiformes, assez grêles, quoique grossissant légèrement vers l'extrémité, le 3e article est aussi grand ou plus grand que le 4e. Tous ont le corps noir avec les élytres d'un rouge testacé. *O. picipes*, 7 à 9 mill., allongé, les 4 ou 5 premiers articles des antennes, les 4 jambes et tarses antérieurs d'un jaune testacé, corselet en carré transversal, sillonnée au milieu, à peine rebordé sur les côtés, élytres pubescentes, à stries ponctuées, intervalles ruguleusement pointillés ; communs sur les pins. *O. lepturoïdes*, 12 à 15 mill., antennes longues, noires, corselet transversal, déprimé sur les côtés avec deux impressions obliques et transversales, les bords un peu relevés, ponctuation fine et peu serrée, élytres glabres, ruguleusement ponctuées, à stries faibles à l'extrémité et sur les côtés ; Fr. mér.

III. Hanches antérieures plus ou moins saillantes, souvent coniques, parfois contiguës ; antennes insérées à découvert sur les côtés du front ; crochets presque toujours simples.

    A. Corselet aussi large ou presque aussi large que les élytres.

      a. Tête engagée dans le corselet, inclinée ; corselet légèrement bisinué au bord postérieur ; palpes maxillaires grands, pendants ; abdomen de forme normale ; crochets simples (mélandryides).

Le g. **Melandrya** est le type de ce groupe qui renferme des insectes vivant dans le vieux bois et rares pour la plupart ; dans ce genre, le corps est oblong ; les antennes sont assez courtes, assez épaisses, le corselet présente une impression de chaque côté de la base, les élytres sont fortement sillonnées, un peu élargies en arrière ; les crochets sont entiers. *M. caraboides*, 12 à 15 mill., d'un noir plus ou moins bleuâtre, avec les élytres d'un bleu d'acier, palpes, extrémité des antennes, tarses antérieurs et extrémités des autres d'un jaune roussâtre ; assez rare dans le centre, plus commun dans les montagnes.

Les **Dircæa** ont le corps presque cylindrique, très-convexe, la tête, fortement inclinée, est à peine visible en dessus, les antennes sont assez courtes et grêles, le corselet est fortement déclive sur les côtés et embrasse la tête, les élytres sont unies, sans trace de stries. *D. australis*, 7 à 9 mill., d'un noir soyeux, presque mat, avec deux grandes taches d'un jaune orangé sur chaque élytre ; Fr. mér.

    b. Tête accolée contre le corselet, à sommet saillant, verticale ou inclinée ; bord postérieur du corselet ordinairement très-sinué de chaque côté ; palpes de grandeur ordinaire ; abdomen très-convexe, fortement comprimé sur les côtés ; crochets simples. (Mordellides.)

Le type de ce groupe est le g. **Mordella**, qui comprend un assez grand nombre d'insectes faciles à reconnaître par la forme de leur tête et surtout de leur abdomen qui, étant comprimé latéralement, les fait tomber souvent sur le côté, à peu près comme les puces ; leurs antennes sont courtes, dentées, le dernier article des palpes est sécuriforme, l'abdomen est terminé par

une pointe conique, aiguë ; leurs élytres sont atténuées
en arrière ; leurs pattes postérieures sont assez grandes.
M. *bucephala*, 5 à 7 mill., d'un brun noir, à pubescence soyeuse, noire et d'un cendré olivâtre, cette dernière teinte formant sur les élytres une bande suturale,
une autre basilaire, une seconde médiane, assez longue,
une dernière presque terminale. M. *fasciata*, 6 à
8 mill., noire, pubescente, élytres à duvet cendré, parfois un peu doré, formant une bande suturale étroite et
deux bandes transverses dont la 1re basilaire renferme
une tache noire un peu variable. M. *decora*, 4 à 5 mill.,
plus courte, noire, pubescente, corselet à duvet d'un
faune cendré, un peu doré, avec 3 taches noires, variables ; élytres ayant une large bande basilaire de duvet un peu doré, se prolongeant sur la suture, renfer-
mant une tache noire oblongue, et une seconde bande
transversale n'atteignant pas l'extrémité, se tenant en
avant sur la suture ; Fr. mér. M. *aculeata*, 5 à 6 mill.,
pubescente, noire en-dessus, sans taches, dessous
cendré, un peu argenté, élytres longues et assez étroites,
saillie abdominale longue et pointue ; commune partout.

Les **Anaspis** ont le corps plus étroit, l'écusson plus
petit, les élytres plus allongées, moins fortement rétrécies en arrière, l'abdomen sans pointe aiguë ; le
sommet de la tête est moins fortement relevé ; le dessus
du corps est plus nettement arqué dans le sens de la
longueur. A. *frontalis*, 3 1/2 mill., noire, pubescente,
bouche, partie antérieure de la tête, base des antennes,
cuisses, et base des jambes antérieures d'un roux testacé. A. *humeralis*, 2 à 3 mill., noire, avec la bouche,
la base des antennes, parfois les pattes et une tache

humérale d'un roux testacé ; quelquefois le corselet est presque entièrement de cette couleur. *A. ruficollis*, 3 mill., noire, corselet, bouche, base des antennes et pattes d'un jaune roussâtre. *A. thoracica*, 2 à 3 mill., très-voisine de la précédente, mais avec la tête jaune. *A. flava*, 4 mill., entièrement jaune, sauf les yeux, l'extrémité des antennes, l'extrémité de l'abdomen qui sont noirs, extrémité des élytres enfumée. *A. maculata*, 3 mill., d'un jaune fauve, avec les yeux, l'extrémité des antennes noirs et 3 taches obscures sur les élytres ; la 1re scutellaire, la 2e discoïdale, la dernière presque apicale sur la suture. Tous ces insectes sont très-agiles et se trouvent en petites familles sur les ombellifères surtout.

Les **Rhipiphorus** ont la tête encore plus relevée au sommet, les antennes sont courtes, pectinées, les élytres sont très-rétrécies vers l'extrémité, déhiscentes, le bord postérieur du corselet est plus fortement lobé au milieu et cache presque l'écusson ; ces insectes, paraissent vivre en parasites, à l'état de larve, aux dépens d'autres insectes. *A. bimaculatus*, 5 à 12 mill., oblong, d'un roux testacé brillant, ayant sur le disque de chaque élytre une tache noire oblongue et une tache basilaire de même couleur, ainsi que les genoux et une partie de la poitrine. Fr. mér.

B. Corselet notablement plus étroit que les élytres.

    a. Tête pas plus large que le corselet, non portée sur une sorte de col, crochets simples ; élytres grandes, élargies en arrière (Lagriides).

Un seul genre compose ce groupe peu nombreux, le

5*

g. **Lagria**. Ce sont des insectes noirs, à élytres rousses, assez molles, vivant sur les buissons, à démarche lente; leur tête est à peine rétrécie vers la base, le dernier article des palpes est fortement sécuriforme; les antennes, assez longues, grossissent notablement vers l'extrémité; le corselet est cylindrique, bien plus étroit que les élytres. *L. hirta*, 5 à 7 mill., noire, peu brillante, pubescente, élytres d'un jaune testacé.

  b. Tête fortement rétrécie à la base en forme de col.

     * Corps déprimé, antennes dentées ou pectinées, élytres amples, débordant l'abdomen sans l'embrasser, corselet court, transversal. (*Pyrochroïdes*.)

Les **Pyrochroa** sont de beaux insectes d'un rouge vif en dessus, noirs en dessous, assez déprimés, à tête triangulaire brusquement rétrécie à la base, à corselet court et à élytres s'élargissant et s'arrondissant en arrière; leurs antennes sont fortement en scie ou pectinées; leurs larves vivent sous l'écorce des sapins et des chênes; les insectes parfaits se trouvent soit sur les arbres qui ont nourri leurs larves, soit sur les buissons. *P. coccinea*, 12 à 15 mill., tête et écusson noirs, le reste du dessus du corps d'un beau rouge de sang; assez commune dans les montagnes. *P. rubens*, 10 à 12 mill., dessus entièrement rouge, y compris la tête, mais d'une teinte moins vive; presque toute la Fr.

** Tête brusquement rétrécie à la base en un col distinct; corps convexe, antennes filiformes ou grossissant un peu vers l'extrémité, élytres oblongues ou ovalaires, embrassant un peu les côtés des élytres, corselet beaucoup plus étroit que les élytres, fortement rétréci à la base; crochets simples. (Anthicides.)

Les insectes de ce groupe sont de petite taille, très-agiles; leur tête ovalaire ou un peu triangulaire, un peu inclinée, est brusquement rétrécie à la base en un col bien marqué, les yeux sont assez petits, globuleux; le corselet, nullement rebordé, est toujours convexe et rétréci à la base, quelquefois très-fortement, les élytres, plus ou moins ovalaires, ne sont jamais striées. On trouve ces insectes dans les endroits sablonneux, notamment sur les grèves des rivières.

Les **Notoxus** sont remarquables par la forme du corselet qui s'avance sur la tête en un lobe horizontal robuste, denticulé. *N. monoceros*, 3 à 5 mill., d'un roux jaunâtre, à pubescence soyeuse, tête plus foncée, élytres ayant une petite tache scutellaire brune, ainsi qu'une grande tache placée au-delà du milieu qui se prolonge souvent par la suture jusqu'à la tache scutellaire; souvent une petite tache derrière les épaules. *N. cornutus*, 3 mill., plus petit que le précédent, élytres ayant deux bandes transversales noirâtres, la première remontant de chaque côté vers les épaules; extrémité des élytres noires. Fr. mér. *N. rhinoceros*, 2 mill., d'un brun noir, couvert d'une pubescence soyeuse, serrée, corselet rougeâtre, élytres tantôt brunes, tantôt ayant la

base et l'extrémité plus claires, tantôt grisâtres ; la
corne du corselet est garnie en dessous.

Les **Anthicus** ont le corselet uni, sans corne antérieure, très-rétréci vers la base, souvent sillonné
en travers; leur tête est moins inclinée; le dernier article des palpes maxillaires est toujours plus ou moins
sécuriforme; les pattes sont grêles, l'avant-dernier article
des tarses est presque bilobé. *A. antherinus*, 3 mill.,
noir, élytres ayant une grande tache rouge près de la
base et une bande placée après le milieu, se dilatant
en avant et en arrière, tarses d'un brun roussâtre.
A. hispidus, 3 mill., d'un noir brillant, avec de longs
poils peu serrés, élytres ayant deux bandes d'un roux
testacé, interrompues par la suture, l'une près de la
base, l'autre avant l'extrémité; corselet oblong, légèrement rétréci en arrière, élytres un peu déprimées
transversalement à la base. *A. floralis*, 3 mill., d'un
brun rougeâtre brillant, quelquefois avec une tache
humérale roussâtre, plus ou moins distincte, corselet angulé de chaque côté en avant. *A. sellatus*,
4 1/2 mill., d'un brun noirâtre, à pubescence roussâtre,
élytres rousses, ayant au milieu une bande transversale
noirâtre, pattes rousses. *A. bimaculatus*, 3 1/2 mill.,
d'un jaunâtre très-pâle, élytres ayant chacune un point
noirâtre qui disparaît souvent; dans le sable, au bord
de la mer, nord de la Fr.

*** Tête brusquement rétrécie à la base en un
col peu distinct; corps convexe, antennes
épaisses, tantôt presque miniliformes, tantôt
claviformes, rarement filiformes, élytres par-

fois très-courtes et imbriquées, le plus souvent allongées et assez molles comme le reste
du corps; crochets des tarses bifides, avec
l'une des branches souvent dentelées (Mé-
loïdes.)

Les **Meloe** sont d'assez gros insectes qui paraissent
au printemps et en automne et qui sont remarquables
par leurs élytres beaucoup plus courtes que l'abdomen
et imbriquées à la suture, à la base; leur tête, presque
ovalaire, est inclinée en dessous, leurs antennes, assez
courtes, sont épaissés, les articles intermédiaires parfois coudés et épaissis chez les mâles; le corselet est
court, l'écusson est caché; les élytres ne recouvrent pas
d'ailes; leur démarche est très-lente, et quand on les
saisit, ils exsudent par les articulations des pattes un
liquide jaune, d'une odeur pénétrante; leur abdomen,
toujours grand, devient souvent énorme chez les femelles. M. proscarabœus, 15 à 22 mill., d'un noir à
peine brillant, très-faiblement bleuâtre, corselet court,
fortement ponctuées, élytres finement rugueuses. M.
violaceus, 15 à 20 mill., d'un bleu de Prusse assez
brillant, corselet plus étroit, à ponctuation plus forte,
moins serrée, élytres finement rugueuses. M. tuccius,
20 à 22 mill., d'un noir assez brillant, tête large, rugueusement ponctuée, corselet large et court, corrodé
de gros points, élytres convertes de points énormes,
assez serrés; Fr. mér. M. variegatus, 15 à 22 mill.,
d'un bronze foncé avec des teintes bleues et cuivreuses,
notamment sur l'abdomen, tête et corselet densément
et finement rugueux, ce dernier court, plat, élytres

fortement rugueuses, l'abdomen finement striolé à la
base des segments; dans les prés, au premier printemps.

Les élytres recouvrent l'abdomen et le débordent
même, dans les genres suivants, dont les téguments
sont moins solides encore que ceux des Méloès.

Les **Mylabris** ont le corps très-convexe, les antennes assez fortement épaissies à l'extrémité, la tête
très-inclinée en dessous, les élytres très-déclives sur
les côtés, un peu comprimées à l'extrémité, les pattes
assez grandes, les jambes à éperons assez longs, les
tarses longs, un peu comprimés. On trouve les insectes
parfaits sur les fleurs ou accrochés aux plantes; ils sont
courts et peu agiles; leurs larves vivent dans les nids
des hyménoptères; ces insectes sont surtout méridionaux et ne remontent guère au-delà de Paris. *M. melanura*, 12 à 15 mill., noir, élytres rouges avec l'extrémité
et huit points noirs placés sur deux rangées transversales. *M. Fuesslini*, 12 mill., noir, sur chaque élytre
une tache ronde près de la base, puis 2 bandes transversales et une tache ovalaire apicale, jaunes; Alpes.
M. variabilis, 10 mill., noir, avec 3 bandes d'un jaune
fauve, la 1re en forme de tache basilaire ronde, les
2 autres larges, l'une au milieu, l'autre avant l'extrémité.

Le g. **Cerocoma** se distingue des *Mylabris* par les
antennes qui, chez les mâles, affectent une forme ex-
traordinaire, les articles étant contournés en divers
sens, le dernier en bouton ovalaire. *C. schœfferi*, 8 à
10 mill., d'un beau vert métallique clair, à pubescence
blanchâtre, antennes et pattes d'un jaune fauve clair,

couvert d'une ponctuation rugueuse; corselet rétréci en avant.

Les **Cantharis** ou cantharides se distinguent des genres précédents par leurs antennes plus longues que la moitié du corps; non renflées vers l'extrémité; leur tête, triangulaire, est fortement sillonnée au milieu, à la base; leur corselet, transversal; est angulé sur les côtés, les élytres sont longues; ainsi que les pattes. Nous n'avons en France que la *C. vesicatoria*, 7 à 15 mill., d'un beau vert métallique, avec quelques reflets dorés, parfois un peu cuivreux, tête et corselet assez ponctués, ce dernier inégal, sillonné au milieu, élytres finement rugueuses; sur les frênes, les lilas, quelquefois sur les troënes, exhale une odeur forte qui rend facile la recherche de cet insecte. Bien que la cantharide soit seule employée dans notre pays pour les vésicatoires, les mylabres sont doués de la même propriété vésicante et sont employés à cet effet dans plusieurs pays.

Les **Zonitis**, insectes méridionaux, ont les antennes encore plus grêles que celles des cantharides, leurs mâchoires sont allongées en un pinceau qui dépasse les mandibules, les élytres sont atténuées et un peu déhiscentes à l'extrémité; ils paraissent vivre dans les nids de divers hyménoptères à l'état parfait; on les trouve accrochés aux chardons. *Z. mutica*, 10 mill., d'un beau jaune un peu ocracé, antennes et poitrine d'un brun noir. *Z. sexmaculata*, même taille, même couleur, mais 3 taches noires, dont une apicale, sur chaque élytre.

Chez les **Sitaris**, les élytres se rétrécissent rapidement en une languette étroite et ne peuvent recouvrir ni l'abdomen ni les ailes, les mâchoires dépassent aussi les mandibules, les antennes sont assez longues et assez fortes; l'abdomen des femelles est parfois très-gros. Les larves vivent dans les nids des guêpes maçonnes, et l'on trouve souvent l'insecte parfait, immobile, à l'entrée des trous que percent ces hyménoptères, soit dans les vieux murs construits en terre, soit dans les terrains coupés à pic. *S. muralis*, 8 à 9 mill., d'un noir foncé presque mat, avec une grande tache d'un jaune testacé couvrant toute la base des élytres.

  ****Corps peu convexe, à élytres molles, souvent dé-
  hiscentes; tête saillante, non inclinée ni brusquement rétrécie derrière les yeux, non prolongée en museau; corselet notablement plus
  étroit que les élytres, rétréci à la base; crochets des tarses simples. (Œdémérides.)

Le g. **Calopus** se distingue de tous les autres genres du même groupe par l'insertion des antennes dans l'échancrure des yeux, leur longueur qui atteint presque celle du corps chez les mâles, leurs articles médians un peu comprimés et dentés; le dernier article des palpes maxillaires est grand, sécuriforme, dilaté à l'angle interne, les élytres sont longues et arrondies à l'extrémité. *C. serraticornis*, 15 à 20 mill., allongé, presque parallèle, d'un brun un peu roussâtre, à pubescence cendrée, corselet plus étroit que les élytres, ayant 2 reliefs oblongs peu marqués, élytres ruguleuse-
ment ponctuées, ayant chacune 3 ou 4 nervures assez faibles. Ce bel insecte, qui ressemble à un Longicorne,

ne se trouve que dans les bois des Alpes et des Pyrénées.

Les yeux sont encore échancrés dans les 3 genres suivants, mais les antennes ne sont pas insérées dans cette échancrure.

Nacerdes, dernier article des palpes maxillaires sécuriforme, élytres à 4 nervures, sans tubercule ou saillie apicale, yeux notablement éloignés du corselet. *N. Notata*, 7 à 12 mill., d'un roux testacé, élytres plus jaunâtres avec l'extrémité noirâtre, poitrine noirâtre en partie ainsi que les cuisses ; sur toutes les côtes maritimes, paraît vivre dans les débris de bois de pin et de sapin ; le corselet est souvent teinté de brun.

Anoncodes, dernier article des palpes maxillaires sécuriforme, élytres à 3 nervures saillantes avec un calus apical, yeux plus rapprochés du corselet ; insectes vivant souvent sur les plantes aquatiques ; les mâles et les femelles sont parfois de couleurs différentes. *A. ustulata*, 10 à 12 mill., d'un noir verdâtre, élytres noires avec une large bande suturale, élargie en arrière, d'un roux testacé, rousse chez les femelles avec l'extrémité noire et le corselet roux. *A. Amœna*, 8 à 10 mill., d'un bleu ou d'un vert métallique, corselet à 4 fossettes, les 4 cuisses antérieures épineuses ; corselet et abdomen des femelles d'un jaune rougeâtre.

Asclera, dernier article des palpes plutôt cultriforme, élytres à 4 nervures, sans calus apical ; jambes antérieures munies de 2 éperons ; les yeux sont à peine échancrés. *A. cœrulea*, 6 à 9 mill., presque parallèle, bleue ou verte, assez métallique, corselet presque cordiforme, à 3 impressions peu marquées, antennes noires, élytres à nervures peu saillantes; dans les haies, dans les prairies.

Les yeux sont entiers chez les **Œdemera** qui se distinguent en outre par la mollesse de leurs téguments, par leurs élytres étroites; déhiscentes et atténuées en arrière; et par leurs cuisses presque toujours énormes chez les mâles; le dernier article des palpes maxillaires est coupé obliquement, le corselet est très-inégal; les élytres ont des nervures très-saillantes. *Œ. podagra-riæ*, 8 à 12 mill., d'un vert bronzé; avec la base des antennes, les pattes antérieures et les élytres jaunes, ces dernières bronzées à l'extrémité chez les mâles; sur les ombellifères. *Œ. Tristis*, 10 mill., allongée, d'un noir bleuâtre passant au vert foncé, cendré, pubescente, corselet brillant; à 4 impressions; dans les Alpes. *Œ. flavipes*, 6 à 8 mill., d'un vert bleuâtre ou métallique, foncé; base des antennes et pattes anté-rieures d'un jaune testacé, corselet ponctué, à 3 fossettes. *Œ. cœrulea*, 8 à 10 mill., d'un bleu violacé ou d'un bronzé un peu doré; base des antennes et des jambes antérieures testacée, corselet rugueusement ponctué. *Œ. lurida*, 6 à 7 mill., allongée, grêle, d'un bleuâtre cendré mat, pubescente, corselet rugueux; élytres allongées, faiblement rétrécies vers l'extrémité, cuisses simples chez les mâles; très-communes partout.

***** Corps plus ou moins convexe, tête pro-longée en museau, corselet à peine plus étroit que les élytres, non rétréci à sa base, crochets des tarses simples (Myctérides).

Le g. **Stenostoma** se rapproche des précédents

par la forme allongée du corps, les élytres atténuées en arrière, mais la tête est allongée en museau, les yeux sont arrondis, les antennes sont éloignées des yeux, le dernier article des palpes est cylindrique, le corselet est conique, plus long que large. *S. rostrata*, 7 à 10 mill., d'un vert bleuâtre métallique, à fine pubescence cendrée, base des antennes et pattes d'un jaune assez vif; dessus rugueusement ponctué; Fr. mér., sur les chardons, les eryngium, les euphorbes, etc.

Les **Myeterus** sont au contraire courts, très-convexes, leur tête se prolonge en un rostre formé en grande partie par l'épistôme, les antennes sont droites, assez grêles, le corselet est presque aussi large que les élytres qui sont ovalaires, arrondies à l'extrémité. *M. curculionoïdes*, 4 à 7 mill., d'un brun noirâtre, couvert d'une pubescence très-fine, cendrée ou roussâtre, corselet arrondi en avant, élytres sans stries; sur diverses plantes, les chardons notamment, sur lesquels on trouve cet insecte immobile; plus commun dans le midi, surtout au bord de la mer.

FAMILLE DES CURCULIONIDES

OU RHYNCHOPHORES.

Cette [grande famille se compose d'insectes dont la
tête est plus ou moins fortement prolongée en rostre ou
bec et dont les tarses sont composés de 4 article ; ce
rostre est parfois très-court, en museau carré ou obtus,
mais souvent il est très-développé et parfois aussi long
que le corps. Les organes buccaux, presque toujours
petits et cachés, sont situés à l'extrémité de ce rostre.
Les antennes, droites dans quelques genres, sont coudées au 2e article dans l'immense majorité de la famille ;
alors le 1er article, très-allongé, prend le nom de *Scape*
et se loge en partie dans un sillon latéral du rostre,
appelé *Scrobe*, les autres articles forment le *funicule*
de l'antenne qui se termine par une massue serrée, plus
ou moins ovalaire ou fusiforme. Tous les Curculionides
vivent, à l'état de larve, sur les végétaux de toute na-
ture, ligneux ou herbacés, et beaucoup causent aux cultures des dommages importants ; à l'état parfait, ces
insectes se trouvent en général sur les plantes qui ont
nourri leurs larves ; cependant on en rencontre beaucoup sous les pierres et à terre, dans les endroits sablonneux.

Ire DIVISION. — *Antennes droites, non coudées, 1er article assez court, rostre le plus souvent court et dépourvu de sillons latéraux pour loger le 1er article des antennes.*

> A. Rostre très-court, presque carré, aplati; dernier segment abdominal, ou pygidium, non recouvert par les élytres.

Les **Bruchus** ont le corps épais, très-convexe en dessous, mais bien moins en dessus, la tête rétrécie en arrière, les antennes dentées en scie, grossissant vers l'extrémité, insérées dans l'échancrure des yeux, le corselet un peu moins large que les élytres, très-rétréci en avant, avec le bord postérieur fortement bisinué, les élytres presque carrées et les cuisses postérieures généralement épaisses et souvent dentées. Presque tous ces insectes vivent sur les plantes de la famille des légumineuses; le plus commun, *B. pisi*, la Bruche du pois, vit aux dépens de cette plante et l'on trouve souvent, dans les pois verts, sa larve qui ressemble à un petit ver; ce *Bruchus*, de 5 mill., est d'un brun varié de gris et de cendré, avec le pygidium blanchâtre, marqué de 2 points noirs, les 3 premiers articles des antennes fauves, ainsi que les pattes antérieures, sauf les cuisses. *B. rufimanus*, 4 mill., couvert d'une pubescence d'un gris jaunâtre, corselet ayant un point blanc devant l'écusson, élytres striées, tachetées de gris et de noir, les 4 premiers articles des antennes fauves, pattes noires, les jambes et les tarses antérieurs fauves, cuisses postérieures dentées; dans les fèves de marais. *B. pallidicornis*, 3 mill., noir, tacheté de blanc, pygidium blan-

6

châtre avec 2 grandes taches noires, les 5 premiers articles des antennes et les deux derniers jaunâtres, pattes antérieures rougeâtres, les intermédiaires noires avec l'extrémité des jambes fauve, les postérieures noires avec les cuisses dentées; dans les lentilles. *B. nubilus,* 2 1/2 mill., ovalaire, noir, les 5 premiers articles des antennes grêles, fauves, les autres plus gros, noirs, corselet ayant devant l'écusson une tache blanchâtre, élytres grandes, taches de pubescence blanchâtre, pygidium couvert d'une pubescence semblable; pattes antérieures fauves avec la base des cuisses noire, les autres pattes noires, avec les jambes et les tarses fauves; dans les vesces.

Les **Urodon** sont plus étroits que les **Bruchus;** ils en diffèrent surtout par leurs yeux presque entiers et leurs antennes insérées sur les côtés du rostre, en avant des yeux, terminées par une massue de 3 ou 4 articles; le corselet est plus allongé; le bord postérieur forme au milieu un lobe saillant; on les trouve sur les fleurs et ne paraissent faire aucun dégât. *U. suturalis,* 2 à 3 mill., noir, à pubescence grise, suture des élytres et dessous du corps blancs, ainsi que les angles postérieurs du corselet; base des antennes et jambes antérieures rousses; sur le réséda sauvage. *U. rufipes,* 2 mill., noir, couvert d'une pubescence grise serrée, antennes et pattes d'un jaune roussâtre, cuisses postérieures noires.

Les **Brachytarsus** ont le corps épais, très-convexe, assez court; les antennes assez courtes, terminées par une massue de 3 articles; le corselet finement rebordé à la base, les élytres presque carrées, souvent munies de côtes, les pattes robustes, les tarses courts, larges, avec les crochets bifides ; les larves de ces insectes, que l'on trouve sous les écorces d'arbres, vivent aux dépens des pucerons. *B. scabrosus*, 3 à 4 mill., noir, densément ponctué, élytres d'un brun rouge, à stries ponctuées, les intervalles alternativement relevés et tachetés de blanc et de noir. *B. varius*, 2 mill. 1/2, noir, densément ponctué, élytres tachetées de gris et à stries ponctuées assez profondes.

Les **Tropideres** ont le rostre un peu plus développé que les genres précédents, quelquefois rétréci à la base, les antennes assez allongées et grêles, les 3 derniers formant une massue oblongue, comprimée, le corselet transversal rétréci en avant, ayant à la base une ligne transversale saillante bien marquée, les crochets des tarses sont dentés. *T. albirostris*, 5 à 6 mill., rostre rétréci à la base, noir saupoudré de gris, rostre une grande tache lobée à l'extrémité des élytres, dessous du corps et une partie des pattes blancs ; sur les chênes. *T. undulatus*, 3 mill., d'un brun noir, corselet à ponctuation forte et très-serrée, élytres d'un brun clair, avec deux bandes grisâtres plus ou moins régulières. *T. niveirostris*, 4 mill., rostre non rétréci à la base, brun, tacheté de roux, le rostre de cette dernière couleur, une tache au milieu de la base du corselet et sur l'écusson, élytres tachetées de brun noir et de roux sur la suture et sur 3 côtes assez marquées, extrémité grise ; sur les aulnes.

Dans le g. **Platyrhinus**, le corps est plus déprimé, le rostre est large, aplati, presque carré, les yeux sont très-saillants, les antennes assez courtes, ter-

minées brusquement par une massue de 3 articles peu
comprimés, les crochets des tarses sont fendus à leur
base. *P. latirostris*, 10 à 12 mill., noir, à pubescence
grise et brune, rostre, front, extrémité des élytres et
dessous du corps d'un blanc plus ou moins roussâtre ;
sur les troncs des hêtres ; plus commun dans les montagnes.

> B. Rostre plus ou moins allongé, cylindrique,
> dernier segment abdominal plus ou moins dé-
> couvert.

Les **Apoderus**, comme les deux genres suivants,
sont courts, à élytres carrées, convexes ; leur tête allongée
est fortement rétrécie à la base en forme de col, les
yeux sont très-saillants, le rostre est épais, plus court
que la tête, les antennes, de 12 articles, s'épaississent
en une massue serrée, oblongue, le corselet est fortement rétréci en avant, les crochets des tarses sont
simples. Les femelles de ces insectes roulent les feuilles
des arbres en cylindres allongés, dans lesquels leurs
larves se développent et trouvent à la fois un abri et des
aliments. *A. Coryli*, 6 à 7 mill., d'un beau rouge de
sang, avec le dessous du corps, la tête, les jambes et les
tarses noirs, corselet sillonné, élytres à stries fortement
ponctuées, peu régulières ; sur les noisetiers.

Les **Attelabus** ont la tête plus allongée, non rétrécie au col, à la base, les yeux peu saillants, les antennes de 11 articles, les trois derniers en massue
oblongue, le corselet presque carré, peu rétréci en avant.
A. curculionoides, 5 à 6 mill., noir, avec le corselet et
les élytres d'un rouge un peu testacé, dessus du corps

presque lisse, élytres à lignes ponctuées très-fines; sur les chênes.

Les **Rhynehites** ont le rostre bien plus allongé et souvent un peu élargi à l'extrémité ; ils diffèrent en outre des deux genres précédents par les jambes sans épines et les crochets des tarses fortement fendus; presque tous sont revêtus de couleurs métalliques. Les uns roulent encore les feuilles de diverses plantes : *R. betuleti*, 5 à 6 mill., bleu ou vert, avec un reflet doré, presque glabre, une faible impression entre les yeux, corselet assez densément et finement ponctué, élytres à stries ponctuées assez régulières; sur les bouleaux et surtout sur la vigne, à laquelle ils causent souvent de grands dommages. *R. populi*, 5 mill., dessus vert, bronzé, cuivreux ou doré, dessous, rostre et pattes bleus, front assez fortement sillonné entre les yeux, élytres à stries assez irrégulières; sur les peupliers. D'autres percent les fruits de divers arbres pour y déposer leurs œufs : *R. bacchus*, 4 à 5 1/2 mill., d'un cuivreux pourpre un peu doré, à pubescence assez courte, rostre entièrement bleu, ainsi que les pattes et les antennes, rugueusement ponctué; sur les cerisiers et autres arbres à fruits. *R. cupreus*, plus grand, à reflets plus bronzés, à pubescence plus longue, avec le rostre bleu seulement à l'extrémité; sur les prunelliers. D'autres enfin se trouvent sur les aubépines en fleurs : *R. œquatus*, 2 à 3 mill., d'un bronzé foncé, à élytres rouges, avec la suture noirâtre à la base, ponctuation extrêmement serrée, élytres à stries fortement ponctuées.

C. Rostre grêle., cylindrique, abdomen complétement recouvert par les élytres.

Ce groupe ne renferme qu'un genre, **Apion;** ce sont des insectes de petite taille, extrêmement nombreux, très-atténués en avant, avec les élytres convexes et arrondies en arrière; le rostre, plus ou moins arqué, est allongé, les antennes sont insérées vers le milieu de ce rostre, les trois derniers articles forment une massue serrée, ovalaire, pointue; le corselet est cylindroconique.

Ces insectes, de couleur noire ou bleu-foncé passant au verdâtre, rarement rouges, quelquefois ornés de bandes grises, vivent à l'état de larves, soit dans les graines de diverses plantes, surtout les légumineuses, soit dans la moelle et les ovaires. *A. pomonæ*, 3 à 3 1/2 mill., d'un bleu noirâtre avec les élytres un peu plus bleues et plus brillantes, rostre épais à la base, corselet et tête densément ponctués, élytres presque ovalaires, très-convexes, à stries bien marquées; sur les poiriers, pommiers, etc. *A. violaceum*, 3 mill., plus allongé, moins convexe, noir, élytres d'un bleu plus ou moins verdâtre; tête et corselet très-finement ponctués, presque mats, élytres à stries fortement ponctuées. *A. tubiferum*, 3 à 4 mill., allongé, bronzé, brillant, un peu doré, hérissé de poils blanchâtres, rostre aussi long que la tête et le corselet, droit; tête et corselet presque rugueusement ponctués, élytres à stries fines, peu ponctuées; Fr. mér., sur les Cistes. *A. malvæ*, 2 mill., allongé, comprimé sur les côtés, roux, couvert d'une pubescence grise assez serrée, tête noirâtre, élytres ayant deux fascies transversales brunâtres, dentelées

sur les massues. *A. sanguineum*, 3 mill., convexe, entièrement rouge, corselet presque cylindrique, très-finement ponctué, élytres ovalaires, à stries larges, fortement ponctuées.

IIᵉ DIVISION. — *Antennes coudées après le 1ᵉʳ article
qui est presque toujours très-long : rostre presque
toujours long et ayant de chaque côté un sillon plus
ou moins profond où se loge le 1ᵉʳ article ou scape
des antennes.*

  A. Rostre épais, presque toujours assez court et peu
    arqué, rarement allongé et cylindrique; an-
    tennes insérées près de l'extrémité du rostre.

    a. Antennes courtes et épaisses, de 8 ou 9 ar-
      ticles, peu nettement coudées, dernier article
      tronqué, formant la massue.

Le g. **Brachycerus**, particulier aux bords de la
Méditerranée, se compose d'insectes courts, très-épais;
leur rostre est court, très-épais, séparé du front par un
sillon transversal, les yeux sont peu saillants et entourés
d'un rebord; les antennes sont courtes, épaisses, arquées
plutôt que coudées ; le corselet est très-inégal, ainsi que
les élytres qui sont soudées et embrassent l'abdomen; les
pattes sont courtes, robustes; on les trouve à terre,
marchant lentement dans les endroits sablonneux.
B. undatus, 8 à 15 mill., noir, souvent couvert de
terre, oblong, comprimé latéralement, corselet très-
ponctué, dilaté anguleusement de chaque côté, ayant au
milieu un sillon large, mais peu profond, avec les bords
relevés surtout en avant et à la base, élytres tronquées,

ayant chacune 2 grosses nervures onduleuses, l'externe fortement tuberculée à l'extrémité.

    b. Antennes nettement coudées, de 12 articles, massue composée de 4 articles.

    Les **Cneorhinus** ont le corps presque globuleux, la tête courte, le rostre très-court, séparé du front par un sillon transversal, les antennes assez courtes, le corselet très-court, fortement arrondi sur les côtés, l'écusson à peine distinct. Les uns ont les yeux peu saillants : C. *geminatus*, 4 à 5 mill., brun, mais couvert d'un enduit pubescent brun, avec les côtés du corselet et des élytres et souvent des bandes sur ces dernières blancs, quelquefois presque entièrement blancs ; élytres globuleuses, finement striées, les stries finement ponctuées, intervalles alternativement plus larges et offrant une rangée de poils courts, blancs, écartés ; dans les endroits sablonneux ; quelquefois par milliers dans les dunes, au bord de la mer. Les autres ont les antennes plus grêles, les yeux plus saillants : C. *obesus*, 4 à 5 mill., noir, mais recouvert d'un enduit squameux gris et brunâtre formant des taches serrées, base de la suture dénudée, noire, intervalles des stries à rangées de soies peu serrées, antennes et pattes rousses ; commun sur les coudriers et les chênes. C. *oxyops*, 3 mill., moins court et plus gris que le précédent, yeux très-saillants, suture non dénudée à la base ; sur les chênes et divers autres arbres. C. *limbatus*, 3 à 5 mill., ovalaire, noir, assez brillant, couvert d'écailles argentées ou un peu cuivreuses, serrées en dessus et sur les côtés, souvent effacées sur le dos, très-ponctué, élytres fortement striées ponctuées ; sur les bruyères.

Les **Brachydères** sont au contraire très-allongés, leur rostre est aussi large que la tête; les antennes sont longues et grêles, les 2 premiers articles du funicule sont allongés, la massue est longue et étroite, le corselet est court, faiblement arrondi sur les côtés; les élytres sont allongées, soudées, sans épaules, les crochets des tarses sont soudés à la base; ils vivent sur les pins. B. *lusitanicus*, 10 à 12 mill., brun recouvert d'une pruinosité grise, saupoudré de petites écailles cuivreuses, nacrées ou verdâtres, formant, avant l'extrémité, une bande courte; ces écailles bien plus serrées en dessous sur les côtes; dessus du corps convexe, finement chagriné; les femelles plus grosses, aucune impression sur le corselet; commun dans le Midi, sur le pin maritime. B. *incanus*, 7 à 9 mill., un peu déprimé en dessus, moins allongé, noir, recouvert d'une pubescence grise et cendrée, tantôt fondue, tantôt formant des bandes indistinctes; rostre sillonné au milieu, antennes rousses; stries des élytres fines, ponctuées, plus profondes vers l'extrémité; commun partout.

Les élytres sont libres, avec les épaules bien marquées, et recouvrent des ailes dans les 2 genres suivants :

Tanymecus, corps oblong, assez épais, médiocrement convexe, rostre court, ayant une légère impression longitudinale, antennes grêles, assez longues, les 2 premiers articles du funicule allongés; le 1er plus long que le 2°, corselet oblong, tronqué, peu arrondi latéralement, élytres atténuées en arrière, épaules obtusément saillantes. T. *palliatus*, 8 à 10 mill., noir, couvert d'une fine pubescence très-serrée, d'un gris brunâtre, avec les côtés plus blanchâtres; assez commun sur les orties.

Sitones, forme des *Tanymecus*, mais corps bien plus petit, diffère de ce genre par le scape des antennes atteignant au plus le bord postérieur des yeux et le scrobe linéaire, au lieu d'être court et élargi en arrière. Ce sont des insectes assez vifs, se trouvant au pied des plantes, sur les bruyères, sur les buissons, parfois sous les pierres, surtout dans les endroits arides ; quelquefois on les voit par centaines s'abattre sur les parapets, les poutres des jetées au bord de la mer ; leurs téguments sont assez durs. S. *griseus*, 5 à 7 mill., assez allongé, convexe, d'un gris un peu tacheté de brun avec une ligne blanche sur le milieu du corselet s'étendant sur l'écusson, rostre largement sillonné, corselet oblong, beaucoup plus étroit que les élytres, obtusément élargi sur les côtés, élytres à stries peu profondes, intervalles alternativement un peu relevées. S. *regensteinensis*, 4 mill., d'un brun noir, varié d'écailles cendrées ou roussâtres, très-convexe, rostre sillonné, corselet presque globuleux, fortement arrondi sur les côtés, élytres ovalaires, à fines stries ponctuées. S. *tibialis*, 3 à 4 mill., oblong, épais, convexe, d'un brun noir, à bandes cendrées ou un peu roussâtres, sillon du rostre se prolongeant sur le front, corselet à peine plus étroit que les élytres, faiblement arrondi sur les côtés, très-ponctué, stries des élytres ponctuées, bien marquées, cuisses d'un brun noir, jambes rousses.

Les **Polydrosus** sont des insectes fort mous, oblongs, très-convexes, presque toujours recouverts d'écailles d'un vert gai ; leur rostre est un peu plus étroit que la tête, plus distinct que dans les genres précédents, il est fortement échancré à l'extrémité, les scrobes sont

courbés en dessous et se rejoignent presque ; les antennes sont longues et grêles, les 2 premiers articles du
funicule sont allongés, le corselet est petit, tronqué aux
deux extrémités, les élytres ont les épaules obtusément
angulées, les cuisses sont parfois dentées. On trouve
ces insectes en grand nombre dans les bois, sur les
buissons. P. *sericeus*, 5 à 7 mill., noir, couvert de petites écailles serrées, vertes ou bleuâtres, mates, antennes et pattes d'un roux clair, massue plus foncée ;
rostre sans impression, front marqué d'une petite fossette, corselet un peu plus large que long, élytres plus
fortement convexes en arrière ; cuisses ayant ordinairement une toute petite dent. P. *micans*, 4 à 9 mill., couvert d'écailles brillantes, dorées ou un peu cuivreuses,
mais blanchâtres sur la poitrine, antennes et pattes d'un
roux brunâtre, corselet beaucoup plus large que long,
élytres deux fois aussi larges que le corselet, très-
élargies en arrière, profondément striées, ponctuées.
P. *undatus*, 4 à 5 mill., antennes et pattes rousses, noir,
couvert d'écailles brunes, côtés du corselet et des
élytres, une bande en zigzag sur ces dernières et le
dessous grisâtre ; quelquefois une seconde bande part
obliquement des épaules.

Les **Chlorophanus** sont assez grands, épais, convexes, le rostre est déprimé et caréné, le scrobe, un peu
oblique, se termine au-devant de l'œil, le scape
atteint à peine les yeux, le 2e article du funicule est
plus long que le 1er, le corselet est tronqué aux bouts
avec des angles postérieurs pointus, les élytres ont les
épaules marquées et se terminent par une pointe plus
ou moins saillante ; ils vivent sur les saules. C. *polli-*

nosus, 8 à 10 mill., couvert d'écailles d'un vert jaunâtre, saupoudré d'une poussière farineuse jaune, plus
serrée sur les côtés du corselet et des élytres qui sont
terminées par une pointe assez marquée. C. *viridis*,
même taille, plus parallèle, plus vert, plus foncé, avec
les côtés du corselet et des élytres plus nettement d'un
jaune soufre.

Les **Cleonus** comptent parmi les plus gros de nos
Curculionides; ils sont épais, convexes et leurs téguments sont si durs que les épingles ont beaucoup de
peine à les traverser; leur rostre est assez épais, mais
assez allongé, plus étroit que la tête, souvent cylindrique;
les scrobes, un peu arquées, sont sous-oculaires; les yeux
sont déprimés, perpendiculaires, les antennes assez
fortes et assez courtes, l'écusson est très-petit, les
jambes antérieures sont armées d'un crochet à l'extrémité, les crochets des tarses sont soudés à la base. Ces
insectes sont aptères et se trouvent à terre dans les endroits arides, au pied des plantes, sur les murs. C. *sul-
cirostris*, 12 à 15 mill., d'un brun noir, couvert de
petits grains brillants, noirs, et d'une pubescence grise
assez serrée dans les dépressions et déterminant sur les
élytres 2 ou 5 fascies obliques assez vagues; rostre
ayant 3 sillons, corselet rétréci en avant, sillonné au
milieu avec une ligne lisse, élevée au milieu de ce
sillon, élytres à lignes finement ponctuées, peu distinctes.
C. *marmoratus*, 10 mill., d'un brun noir, tacheté de
pubescence grise ou roussâtre dans les dépressions,
rostre ayant 2 larges sillons, corselet couvert de grosses
granulations, élytres inégales, à granulations aplaties.
C. *ophthalmicus*, 13 mill., ovalaire, très-épais, cou-

vert d'une pubescence serrée grise ou roussâtre ; sur chaque élytre, en arrière, 1 ou 2 taches pâles, souvent entourées de noir ; rostre ayant 2 larges sillons, corselet assez brusquement rétréci en avant, ayant 2 bandes sinuées pâles ; élytres courtes, à lignes ponctuées, rapprochées 2 par 2 ; Fr. mér. C. *excoriatus*, 10 à 12 mill., presque elliptique, couvert d'une pubescence serrée, rousse, avec des places dénudées formant 2 bandes obliques sur chaque élytre, les côtés souvent dénudés, rostre caréné, corselet plissé, inégal, caréné au milieu, élytres à stries ponctuées bien distinctes, plus profondes vers l'extrémité qui est obtuse. C. *costatus*, 10 à 12 mill., très-convexe, couvert d'une pubescence grise ou roussâtre piquetée de noir sur les élytres, rostre à peine caréné, corselet ayant au milieu une bande noirâtre avec une carène médiane lisse ; de chaque côté, une bande noire très-variable, élytres ovalaires, à fines stries ponctuées, les 3e et 5e intervalles relevés à la base. B. *plicatus*, 8 à 10 mill., recouvert d'un enduit ou un peu roussâtre et vaguement maculé de teintes plus claires, qui forment notamment vers le bout des élytres une bande transversale très-zigzaguée ; rostre sillonné au milieu, corselet couvert de plis un peu ondulés, élytres à stries grossement ponctuées, les intervalles alternativement relevés, ainsi que la suture ; au pied des résédas sauvages, souvent enterré. C. *albidus*, 8 à 11 mill., très-convexe, d'un brun noir, avec les côtés du corselet d'un blanc un peu grisâtre, élytres blanches, ayant chacune 3 taches brunes, l'une à la base, l'autre au milieu en forme de bande plus ou moins régulière, l'autre presque à l'extrémité.

Les **Minyops** ont le corps aptère, court, très-inégal, le rostre assez grand, un peu arqué, à scrobes profonds, élargis en arrière; les antennes sont courtes,
assez épaisses, le scape n'atteint pas les yeux, le 1er article du funicule est un peu allongé, les suivants de-
viennent de plus en plus courts et larges, la massue est
brièvement ovale; le corselet est fortement rétréci en
avant, caréné au milieu, l'écusson est nul, les épaules
sont assez saillantes, les jambes sont terminées par
une forte épine; ce sont des insectes très-lents qu'on
trouve sur les chemins ou sous les pierres, dans les terrains arides. M. *variolosus*, 8 à 10 mill., noir, souvent
terreux, corselet couvert de fossettes rondes et de rides,
élytres à stries ponctuées peu distinctes, les intervalles
très-inégaux, relevés en tubercules plus ou moins saillants; très-commun partout.

Les **Hylobius** sont oblongs, leur rostre est assez
allongé, cylindrique, avec des scrobes profonds, très-
obliques, le scape n'atteint pas tout-à-fait les yeux, les
2 premiers articles du funicule sont assez allongés, les
suivants courts, l'écusson est bien visible, les élytres
sont oblongues avec les épaules marquées, les jambes
sont terminées par un fort crochet. Tous vivent sur les
arbres résineux et occasionnent souvent des dégâts
considérables; leurs larves creusent leurs galeries
sous l'écorce, dans les couches ligneuses superficielles,
et c'est là qu'on trouve les loges ovalaires où elles se
métamorphosent. H. *abietis*, 8 à 13 mill., d'un brun noir
mat, avec des taches formées par une pubescence fauve
assez longue, corselet rugueusement ponctué, élytres à
stries fines, ponctuées en chaînettes, cuisses dentées;

très-commun sur les pins et les sapins. H. *pineti*, 15 à 17 mill., tacheté de gris jaunâtre, élytres à stries profondes avec des points quadrangulaires, intervalles rugueux, cuisses dentées ; Alpes, sur les mélèzes, moins commun.

Les **Molytes** sont courts, ovalaires, aptères très-épais et très-convexes ; le rostre est épais, cylindrique, un peu arqué avec des scrobes profonds se dirigeant vers le dessous de l'œil, les antennes sont assez fortes, les 2 premiers articles du funicule sont assez allongés, les suivants courts, les élytres sont larges, arrondies, avec les épaules saillantes, les cuisses sont parfois dentées, les jambes sont terminées par un fort crochet arqué. Ce sont des insectes épigés, de consistance extrêmement dure et très-lents dans leurs mouvements. M. *coronatus*, 10 à 12 mill., d'un noir foncé, deux petites pubescences fauves et une bordure basilaire semblable sur le corselet, quelquefois de petites taches semblables sur les élytres qui sont finement rugueuses avec des lignes de points carrés, corselet densément ponctué, toutes les cuisses dentées ; commun partout. M. *germanus*, 15 à 22 mill., noir, côtés du corselet et élytres couverts de taches d'un duvet roux, rugueusement ponctué partout ; cuisses non ou obtusément dentées ; commun dans les montagnes.

Les **Phytonomus**, au corps oblong ou ovalaire, ont le rostre plus grêle que les genres précédents ; en même temps, les antennes sont insérées vers le tiers antérieur du rostre, dont les scrobes, assez étroits, se dirigent obliquement vers les yeux, les 2 premiers articles du funicule sont assez allongés, les suivants assez courts, le corselet, plus étroit que les élytres, est rétréci en avant, l'écusson est petit, les élytres ont généralement les épaules saillantes, les jambes sont sans épines terminales. Ces insectes vivent sur divers végétaux et leurs larves tissent une coque assez fine pour se métamorphoser. P. *punctatus*, 7 à 8 mill., noir, couvert d'écailles serrées, brunes, avec les côtés grisâtres ou roussâtres, ainsi qu'une bande sur le milieu du corselet et sur la suture, le reste est piqueté de petites taches noires veloutées ; élytres carrées à la base, stries fortement ponctuées, intervalles alternativement un peu relevés ; très-commun partout. P. *fasciculatus*, même forme, mais plus petit, rostre plus grêle, gris cendré mélangé de roux brunâtre, avec 2 larges bandes plus foncées sur le corselet, élytres plus claires sur les côtés, tachetées de brun sur les intervalles alternes et hérissées de soies très-courtes ; Fr. mér. P. *variabilis*, 4 à 5 mill., oblong, gris ou brunâtre, avec une bande brune ou noirâtre dentelée sur la suture, quelques taches sur les côtés des élytres et 2 larges bandes sur le corselet d'un brun foncé, ainsi que le rostre. P. *nigrirostris*, 2 1/2 mill., d'un vert gai, avec 2 bandes sur le corselet, le rostre et les pattes bruns ; extrêmement commun partout.

Les **Coniatus** ne diffèrent des précédents que par les yeux plus convexes et les scrobes effacés en arrière ; ce sont de charmants insectes, revêtus d'écailles brillantes et vivant sur les tamarix au bord des fleuves et de la mer. C. *tamarisci*, 5 mill., d'un vert clair métallique avec des bandes cuivreuses, bordées de noir sur les élytres, jambes rousses ; commun au bord de la Méditerranée. C. *chrysochlora*, 3 mill., d'un vert tendre, avec des bandes carnées sur le corselet et les élytres, ces dernières avec quelques fascies noirâtres; commun dans les landes, au bord de la mer. C. *repandus*, 4 à 5 mill., d'un carné parfois un peu métallique, avec des bandes brunes sur le corselet et sur les élytres; au bord des torrents; dans les Alpes, au bord du Rhin.

Les **Otiorhynchus** se distinguent de tous les groupes précédents par leur rostre droit, élargi et épaissi à l'extrémité; leurs yeux sont assez convexes, leurs antennes sont longues, assez grêles, le scapel atteint au moins le bord antérieur du corselet qui est beaucoup plus étroit que les élytres; celles-ci sont ovalaires, à épaules arrondies, les crochets des tarses sont libres; ces insectes sont très-durs; leurs espèces sont nombreuses, surtout dans les montagnes, où on les trouve soit sous les pierres, soit en battant les branches de sapins. O. *ligustici*, 12 à 14 mill., d'un gris cendré, finement chagriné, rostre caréné, corselet presque globuleux; élytres ovalaires-globuleuses, sans stries; extrêmement commun partout, au printemps, sur les routes. O. *tenebricosus*, 10 mill., oblong, très-convexe, noir, brillant, pattes d'un rougeâtre obscur, corselet finement ponctué, élytres un peu comprimées, à stries grossement ponctuées. O. *unicolor*, 10 à 12 mill., plus gros, plus ovalaire, corselet plus globuleux, élytres ovalaires, à stries peu marquées. O. *raucus*, 6 mill., ovalaire, couvert d'un enduit brun mélangé de roussâtre, qui cache la sculpture, corselet globuleux, élytres comprimées à l'extrémité, à stries formées de gros points, effacées avant l'extrémité. O. *scabrosus*, 6 mill., ovalaire, d'un brun foncé, rostre court, corselet couvert de granulations, élytres à fortes stries, les intervalles rugueux transversalement et très-pâles. O. *monticola*, 6 à 8 mill., oblong-ovalaire, d'un noir brillant, pattes un peu rougeâtres, corselet lisse, élytres à fines stries ponctuées; très-commun dans les Pyrénées. O. *picipes*, 7 à 8 mill., brun mélangé de gris roussâtre, corselet granuleux, élytres à stries formées par des points ocellés. O. *ovatus*, 4 mill., d'un brun brillant, corselet presque globuleux, fortement plissé et ridé, élytres à lignes de gros points formant de faibles stries.

B. Rostre grêle, généralement allongé, rarement plus court que le corselet, antennes insérées vers le milieu du rostre.

* Massue de 3 ou 4 articles distincts.

Les **Lixus** sont allongés, ailés, le rostre est asseᶻ fort, non ou à peine arqué, avec des scrobes étroits, descendant vers le dessous des yeux; les antennes sont insérées un peu avant le milieu du rostre, la massue est fusiforme, le corselet est presque conique, aussi large à la base que le corselet, avec le bord postérieur bisinué, l'écusson est très-petit, les élytres, parfois acuminées, ont les lignes ponctuées. Ces insectes vivent dans l'intérieur des plantes à tige fistuleuse, comme celle de beaucoup d'ombellifères. L. *paraplecticus*, 10 à 15 mill., allongé, d'un brun noirâtre, recouvert d'une pubescence d'un brun cendré entièrement fine et serrée, rousse sur les côtés, élytres à lignes fortement ponctuées, avec l'extrémité prolongée en pointe aiguë et divergente; sur le *Phellandrium aquaticum*. L. *gemellatus*, même taille, même coloration; mais

plus gros, plus court, élytres à stries moins fortement
ponctuées, avec l'extrémité prolongée en pointe aiguë
mais non divergente ; France méridionale , sur la
ciguë. *L. angustatus*, 12 à 17 mill., allongé, presque
cylindrique, d'un brun noir assez brillant, revêtu, à l'état
frais, d'une exsudation ferrugineuse, corselet et élytres
grossement mais peu profondément ponctués ; ces dernières obtusément arrondies à l'extrémité ; sur les
mauves, les fèves de marais. *L. filiformis*, 8 mill.,
même forme, mais plus étroit et plus cylindrique, noir
avec une pubescence d'un cendré roussâtre, formant
2 bandes sur le corselet et de nombreuses petites taches
sur les élytres, qui sont obtuses ; sur divers chardons.

Les **Larinus** sont au contraire épais, ovalaires,
mais de consistance non moins dure; leur rostre est
épais, un peu arqué, les élytres sont ovalaires, un peu
plus larges que le corselet, arrondies chacune à la base.
Ces insectes vivent surtout aux dépens des plantes de
la famille des Carduacées. *L. maculosus*, 10 mill.,
ovalaire, noir, avec des fascies blanchâtres, corselet
rugueusement ponctué, élytres à stries ponctuées très-
fines ; France méridionale, dans les têtes des *Echi-
nops*. *L. ursus*, 8 à 10 mill., d'un brun foncé, avec
des bandes de pubescence cendrée, quelquefois un peu
roussâtre ; France méridionale, sur la *Carlina corym-
bosa*. *L. jaceæ*, 7 à 8 mill., noir, parsemé de petites
taches pubescentes grises, corselet densément et finement ponctué ; sur la *Centaurea jacea*.

Les **Pissodes** sont oblongs ; leur rostre est assez
mince, arrondi, un peu arqué, avec des scrobes linéaires obliques fortement arqués sous les yeux, le

scape atteint presque les yeux, l'écusson est bien distinct, les jambes sont terminées par un fort crochet ;
les crochets des tarses sont libres ; ces insectes vivent
sur les arbres résineux. *P. notatus*, 6 mill., d'un brun
roussâtre, avec une bande transversale sur les élytres,
un peu après le milieu, une autre tache transversale en
avant l'écusson et quelques points sur le corselet d'un
roussâtre pâle; élytres à stries marquées de très-gros
points. *P. pini* ; plus petit, presque noir, avec les
bandes et les taches plus petites et plus jaunes.

Les **Magdalinus** sont allongés, subcylindriques,
un peu atténués en avant, arrondis en arrière, le rostre
est allongé, arqué, subcylindrique, à scrobes obliques ;
le corselet est presque carré, parfois rétréci tout-à-fait
en avant, quelquefois les angles antérieurs sont épineux,
les élytres ne recouvrent pas tout-à-fait l'abdomen, les
cuisses sont parfois dentées, les jambes sont armées
d'un fort crochet; les crochets des tarses sont libres.
Ce sont des insectes à couleurs sombres, presque toujours noirs ou bleuâtres, à élytres sillonnées. Les stries
plus ou moins profondes; mais marquées de points
carrés, oblongs, peu serrés. *M. aterrimus*, 4 à 5 mill.,
oblong, atténué en avant, d'un noir foncé, corselet
presque carré, avec les angles antérieurs épineux,
élytres profondément striées, ces stries très-grossement
ponctuées; sur les ormes. *M. memnonius*, 8 mill.,
noir, corselet rétréci en avant, très-finement ponctué,
élytres à lignes d'énormes points ; sur les pins: *M. du-
plicatus*, 4 mill., noir, avec les élytres d'un bleu foncé,
à stries assez fines; sur les pins.

Les **Erirhinus** sont allongés; leur rostre est long,

souvent grêle, arqué, à scrobes linéaires obliques; les
yeux sont arrondis; les antennes, assez grêles, n'atteignent pas tout-à-fait les yeux; le corselet, un peu plus
étroit que les élytres, est rétréci en avant; l'écusson est
bien visible, les élytres sont oblongues, obstusément
angulées aux épaules, arrondies à l'extrémité, à stries
ponctuées; les jambes sont terminées par un crochet,
les angles des tarses sont libres; ces insectes sont le
plus souvent couverts d'une pubescence brune et grise;
plusieurs vivent sur les plantes aquatiques; mais les
espèces les plus nombreuses se trouvent sur les peupliers et les saules de toute espèce, dont leurs larves
rongent les châtons. *E. festucœ*, 6 mill., d'un brun
foncé, côtés du corselet et élytres couverts d'une pubescence fine cendrée, ces dernières ayant vers le milieu
chacune une tache brune et souvent des marbrures de
même couleur; sur les plantes aquatiques, dans les
marais. *E. vorax*, 6 à 7 mill., noirâtre, pubescent,
avec des taches d'un roux sale nombreuses; rostre d'un
brun noir, long, arqué; pattes antérieures plus grandes
que les autres; sur les peupliers, les saules, etc.
E. dorsalis, 3 mill., noir; élytres d'un rouge de sang
avec la suture plus ou moins noire; sur les saules
marceaux.

Les **Balaninus** sont bien reconnaissables à leur
corps épais et court, qu'on pourrait dire composé de
deux portions coniques, et à leur rostre extrêmement
long et grêle; les yeux sont grands, ovalaires; les antennes, longues et grêles, sont terminées par une
massue oblongue ou ovalaire; l'écusson est bien visible,
arrondi; les élytres sont plus larges que le corselet, an-

guleusement arrondies aux épaules, laissant à découvert une partie de l'abdomen; les cuisses sont dentées, les jambes antérieures sont terminées par une épine aigüe; les crochets des tarses sont dentés à la base. Les *Balaninus* vivent dans les glands, les noisettes, les prunelles; quelques espèces déterminent des sortes de galles sur les feuilles des saules. *B. glandium,* 6 à 7 mill., roux, avec des marbrures brunes sur les élytres, et l'écusson gris, rostre aussi long que le corps chez les femelles; dans les glands. *B. nucum,* brun moins rougeâtre, avec des marbrures cendrées; dans les noisettes. *B. cerasorum,* 4 mill., d'un brun noir; élytres rougeâtres, avec des fascies tranversales grises; dans les noyaux du prunellier. *B. crux,* 2 mill., noir, avec la suture des élytres et une bande transversale blanches; sur les saules.

Les **Orchestes** sont remarquables par la faculté qu'ils possèdent de sauter, comme les puces et les altises, au moyen de leurs cuisses postérieures, qui sont renflées; leur corps est ovalaire-oblong, la tête petite, avec des yeux saillants et un rostre infléchi; les antennes sont insérées un peu avant le milieu du rostre, assez grêles; le corselet est presque conique, l'écusson est bien distinct, quoique petit; les élytres sont ovalaires, plus larges que le corselet; ces insectes sont quelquefois ornés de dessins assez élégants, et presque toujours ils sont couverts d'une pubescence serrée; leurs larves rongent les feuilles de beaucoup d'espèces d'arbres, surtout les chênes, les peupliers et les saules. *O. alni,* 2 mill., noir, antennes et tarses roux, corselet et élytres d'un rouge un peu testacé; élytres avec une bande basilaire se joignant par la suture à une tache médiane, noire; sur les aulnes. *O. populi*, 2 mill., noir; antennes et pattes rousses, cuisses postérieures presque entièrement noires, corselet fortement ponctué, écusson pâle; élytres fortement striées, ponctuées; sur les peupliers. *O. quercus*, 3 1/2 mill., rougeâtre, couvert d'une pubescence fauve, avec des bandes dénudées sur les élytres, poitrine brune; sur les chênes. *O. fagi*, 2 mill., allongé, noirâtre, recouvert d'une pubescence cendrée, serrée; élytres à stries ponctuées; sur les hêtres.

Dans tous les genres qui précèdent, le rostre est libre, et même quand il s'infléchit il n'est pas logé en dessous du prothorax; dans les genres suivants, le rostre peut se renverser complétement entre les pattes antérieures, dans un canal destiné à le recevoir.

Le g. **Cryptorhynchus** est un exemple frappant de cette disposition; le corps est très-épais, oblong, le rostre est arqué, presque cylindrique et presque aussi long que le corselet, avec des scrobes profondes, les 3 premiers articles du funicule allongés; le corselet est fortement rétréci en avant; les élytres ont les épaules angulées; au-dessous, le canal rostral se prolonge jusqu'entre les pattes intermédiaires; les pattes sont robustes, mais assez courtes. *C. lapathi*, 6 mill., noir, avec une grande tache d'un gris farineux sur le tiers postérieur des élytres; antennes rousses, corselet grossement ponctué, un peu caréné au milieu de la base; élytres à stries ponctuées, intervalles un peu convexes; une bande transversale grisâtre, vague après la base;

cuisses grosses, annelées de brun et de gris; dans les endroits marécageux.

Les **Mononychus** ont le corps court, très-épais, mais peu convexe en dessus, presque composé de 2 portions coniques accolées, comme celui des *Balaninus;* la tête est creusée entre les yeux qui sont peu écartés et convexes, le rostre est assez mince, un peu arqué, les antennes sont courtes et grêles, insérées un peu avant le milieu, le corselet est fortement rétréci en avant, le bord postérieur est prolongé vers l'écusson qui est enfoncé et à peine visible, les élytres sont largement arrondies aux épaules et laissent le pygidium à découvert, les jambes sont coupées obliquement vers l'extrémité, et les tarses n'offrent chacun qu'un crochet; sur les plantes, au bord des eaux. M. *pseudacori,* 4 1/2 mill., d'un noir mat, avec le dessous du corps, les côtés du corselet, la base des cuisses et une tache derrière l'écusson couverts d'écailles serrées d'un gris cendré; corselet fortement rétréci en avant, couvert de fines aspérités, canaliculé au milieu, élytres à stries larges, ponctuées, la première arquée, se rapprochant de la suture à la base; commun sur l'iris jaune des marais.

Les **Ceutorhynchus** sont aussi épais et assez convexes en dessus, le rostre est cylindrique, assez gros ou filiforme, arqué, aussi long que la tête et le corselet, avec des scrobes linéaires profonds; les antennes sont assez grêles, insérées un peu avant le milieu; le sillon qui reçoit le rostre est assez bien marqué, l'écusson est peu visible, les élytres sont assez courtes, laissant à découvert le pygidium. Ces insectes, très-nombreux, vivent sur des plantes très-variées et quelques-uns y

produisent des galles où se développent leurs larves ;
beaucoup préfèrent les crucifères, ensuite les borraginées et les carduacées. La plus grande espèce est le
C. *echii*, 5 mill., d'un brun foncé, avec 3 lignes blanchâtres sur le rostre et sur le corselet, et sur les élytres
plusieurs lignes longitudinales avec des zigzags blanchâtres ; commun sur la vipérine. C. *litura*, 2 1/2 mill.,
noir, dessous du corps, côtés du corselet et une tache à
la base, côtés et extrémité des élytres avec une grande
tache scutellaire et une petite tache latérale blancs ; corselet angulé latéralement, élytres fortement striées ; sur
les chardons. C. *asperifoliarum*, 2 mill., d'un brun
noir, élytres striées, saupoudrées de gris, ayant chacune
une tache sublatérale blanche, un point blanc commun
derrière l'écusson et souvent une fascie apicale blanche ;
sur les orties.

Les **Clonus** ont le corps brièvement ovalaire et
très-convexe, le rostre est allongé, un peu arqué avec
des scrobes linéaires et profonds, les yeux sont à peine
convexes et un peu rapprochés sur le front ; les antennes
sont assez courtes, à funicule de 5 articles ; le corselet
est petit, bien plus étroit que les élytres qui sont presque
carrées, arrondies en arrière, à stries ponctuées avec les
intervalles alternativement un peu convexes ; les hanches
antérieures sont contiguës, l'écusson est bien distinct,
les cuisses sont dentées, les crochets des tarses sont plus
ou moins inégaux. Ces insectes ne vivent guère que sur
les Verbascum, les Thapsus et les Scrophulaires ; leur
coloration est peu variée et se compose surtout de brun
avec des taches noires veloutées. C. *scrophulariæ*,
4 1/2 mill., noir, corselet et poitrine couverts d'une

6*

pulvérulence blanche, élytres à stries ponctuées, intervalles alternativement relevés et ornés de taches noires
veloutées, séparées par de petites taches blanchâtres,
une grande tache noire veloutée, ronde sur la suture
derrière l'écusson, une autre plus petite à l'extrémité;
sur les scrophulaires. C. *thapsus*, 4 mill., plus petit,
sans pulvérulence blanche sur les côtés du corselet et
couvert d'une villosité fauve fine et écartée, corselet
ayant 4 bandes foncées assez vagues, la 2e tache veloutée
de la suture peu distincte; sur les thapsus ou bouillon
blanc. C. *blattariæ*, 3 mill., gris, élytres ayant à la base
de la suture une grande tache d'un brun inégal, bordée
de blanchâtre en arrière; une grande tache noire à
l'extrémité de la suture; sur les scrophulaires, surtout
dans les endroits humides.

Les **Calandra**, si connues par les ravages qu'elles
causent dans les approvisionnements de céréales, sont
de petits insectes oblongs, assez épais, mais assez déprimés en dessus, leur rostre est un peu plus court que le
corselet, aminci vers l'extrémité, avec des scrobes très-
courts; les antennes sont insérées presque à la base du
rostre; le funicule est de 6 articles, terminé par une
massue oblongue de 2 articles apparents; le 2e petit, le
corselet est grand, un peu allongé, l'écusson est très-
petit; les élytres sont courtes, atténuées en arrière et
laissent à découvert le pygidium. *C. granaria*, 3 à
4 mill., oblong, un peu déprimée, d'un brun rougeâtre foncé, très-clair chez les individus fraîchement
éclos; corselet plus long que large, atténué en avant,
percé de gros points oblongs, laissant une petite ligne
médiane lisse, élytres à stries finement ponctuées, plus

profondes à la base où elles se réunissent 2 par 2 ; trop commune dans tous les grains. *C. orizæ*, 2 1/2 à 3 mill., plus épaisse, brune avec 4 taches rougeâtres sur les élytres, très-variable de grandeur et de teinte ; corselet densément ponctué, un peu moins sur la ligne médiane ; élytres à stries fortement ponctuées, intervalles alternativement un peu relevés et garnis d'une rangée de soies courtes, grisâtres ; très-commune dans le riz.

Les **Sphenophorus** sont oblongs, épais, d'une consistance très-dure et d'assez grande taille pour cette famille ; le rostre, presque aussi long que le corselet, est épais jusqu'aux antennes, puis aminci ; les yeux sont très-oblongs, rapprochés en dessous ; les scrobes sont très-courts, en forme de fossettes oblongues ; les antennes sont insérées presque à la base du rostre ; le funicule est formé de 6 articles devenant plus larges vers la massue qui est courte, comprimée, cunéiforme, de deux articles seulement ; le corselet est grand, droit sur les côtés, rétréci en avant, arrondi à la base ; les élytres sont ovalaires, striées, laissant le pygidium à découvert ; les jambes sont terminées par un fort crochet. Ces insectes se rencontrent sur les chemins, sous les pierres ; leur démarche est lente. *S. piceus*, 12 à 16 mill., noir, avec les élytres souvent d'un brun rougeâtre, corselet à ponctuation fine, peu serrée, laissant au milieu une bande lisse, un peu élevée ; élytres plus larges que le corselet, ovalaires, à stries bien marquées, finement ponctuées, intervalles plans, très-finement ponctués ; moitié apicale du pygidium rugueusement ponctuée. *S. abbreviatus*, 7 à 8 mill., noir ; élytres à

stries bien marquées, non ponctuées, intervalles fortement ponctués paraissant striés à la base, pygidium
simplement ponctué. *S. meridionalis*, même faille,
même coloration, mais plus mat, avec une teinte
grisâtre, et les élytres ainsi que les jambes d'un rouge
brique; Fr. mér.

Les **Cossonus** ont le corps un peu allongé, assez
déprimés, presque parallèle, le rostre assez long et
assez grêle, épaissi et élargi à l'extrémité, à scrobes
bien marqués, les antennes insérées presque au milieu
du rostre, à funicule de 7 articles devenant peu à peu
plus larges et à massue ovalaire grande; le corselet
est aussi large que les élytres, rétréci en avant, impressionné en dessus; les jambes sont terminées par un
fort crochet, les tarses sont étroites. *C. linearis*, 6 à
7 mill., d'un brun noir brillant, avec les élytres parfois rougeâtres, corselet percé de gros points médiocrement serrés, ayant, au milieu de la base, une ligne
élevée, bordée de chaque côté par une dépression plus
fortement ponctuée; élytres à stries très-fortement
ponctuées, les intervalles un peu convexes; dans les
souches de peupliers en décomposition, ou sous leurs
écorces.

Les **Rhyncolus**, par leur rostre court et épais,
par leurs mœurs xylophages, forment bien la transition
entre les Curculionides et les Scolytides; ce sont des insectes assez petits, presque cylindriques, d'un brun
noir, très-ponctués; les antennes sont courtes, assez
épaisses, à articles serrés, s'élargissant peu à peu
jusqu'à la massue, qui est petite, ovalaire; le corselet
est oblong, rétréci en avant; les élytres ne sont pas

plus larges que le corselet; elles sont fortement striées et arrondies, parfois même rebordées à l'extrémité; les pattes sont courtes, les jambes sont terminées par un fort crochet; sous les écorces ou dans le bois pourri. *R. truncorum*, 3 mill., d'un brun foncé, corselet un peu plus étroit que les élytres, densément ponctué; élytres presque parallèles, profondément striées, ces stries fortement ponctuées.

A la suite des Curculionides vient la famille des Scolytides ou Xylophages qu'il est presque impossible de séparer de la première; les *Rhyncolus* forment une transition toute naturelle à ces insectes par leur rostre extrêmement court et aussi gros que la tête, comme celui que présentent les vrais *Scolytus* et les *Hylastes*. Les Scolytides ont les antennes moins coudées par suite du moindre développement du scape et en outre les jambes sont crénelées; en outre, leurs mandibules sont plus grandes et forment souvent saillie au dehors : chez les *Bostrichus*, ce sont elles qui déterminent une sorte de museau très-court. Tous les insectes de cette famille vivent sur les arbres de nos forêts et de nos plantations, soit en perçant le bois, soit en rongeant les bourgeons; ce sont les larves qui, dans leurs développements successifs, forment par leurs galeries rampantes ces dessins ramifiés que l'on voit quand on soulève l'écorce d'un chêne, d'un orme, d'un pin ou d'un sapin malade; c'est la multiplicité de ces petites galeries qui occasionne des écoulements excessifs de sève et amène par suite le dépérissement complet des arbres attaqués, quelquefois sur d'immenses étendues de terrain.

Les **Hylastes** ont le rostre assez distinct, les an-

tennes ont un funicule de 7 articles, le corselet presque
cylindrique avec le prosternum fortement impressionné.
H. *ater*, 4 1/2 mill., noir, avec les antennes et les tarses
roussâtres, rostre un peu caréné, corselet oblong, densément ponctué, avec une ligne médiane lisse, un peu
élevée, de chaque côté une légère impression.

Les **Hylurgus** ont un rostre à peine marqué, le
funicule des antennes présente 5 ou 6 articles, les
élytres sont un peu relevées à la base, les jambes sont
crénelées. H. *piniperda*, 4 à 4 1/2 mill., d'un brun
noirâtre ou rougeâtre, élytres plus claires, à peine
striolées ; sous les écorces des pins dont ces insectes
font souvent périr des plantations entières.

Les **Scolytus** ont le corps extrêmement épais, mais
très-convexe en dessous et déprimé en dessus, la tête
forme un museau très-court ; les antennes à funicule
de 6 articles, sont terminées par une massue ovalaire,
courte, le corselet est très-grand, oblong, les élytres
sont assez courtes, tronquées, l'abdomen est brusquement coupé en arrière et muni, chez les mâles, de tubercules en nombre variable, les jambes sont comprimées, terminées par un crochet. Les insectes des genres
précédents s'attaquent aux conifères, les Scolytes n'attaquent que les arbres des familles des Amentacées et
des Rosacées. S. *Ratzeburgii*, 5 mill., d'un noir brillant, élytres et pattes d'un brun marron, tête couverte
d'un duvet roux serré, corselet très-lisse, élytres à
stries ponctuées ; abdomen des mâles armé d'un seul
tubercule ; sur les ormes et les chênes. S. *destructor*,
plus grand et plus noir, abdomen des mâles armé de
2 tubercules ; sur les bouleaux. S. *pygmeus*, 3 mill.,

d'un noir brillant, élytres rousses, à stries fines, serrées ;
abdomen inerme.

Les **Bostrichus** sont cylindriques, souvent hérissés de poils, à tête courte, en forme de museau
triangulaire, les antennes ont un funicule de 5 articles
et une massue solide brièvement ovalaire, le corselet
est avancé au bord antérieur et recouvre la tête qui est
très-inclinée ; il est souvent râpeux dans sa partie antérieure ; les élytres sont tronquées et dentées à l'extrémité, surtout chez les mâles.

Ces insectes vivent sur tous les arbres. B. *typogra-
phus*, 6 à 7 mill., roux, à villosité fauve, très-ponctué,
élytres striées, les intervalles un peu rugueux, extrémité tronquée, un peu concave, bordée de plusieurs
dents inégales ; commun sur les sapins dans les montagnes. B. *chalcographus*, 3 mill., d'un brun foncé
assez brillant, un peu velu, corselet ponctué, élytres
striées, intervalles ponctués, extrémité tronquée et
dentée ; sur les chênes.

Le g. **Platypus** est remarquable par sa tête transversale, ses antennes se repliant en dessous, terminées
par une massue en forme de disque, son corselet oblong,
échancré sur les côtés pour recevoir les pattes antérieures des élytres un peu plus larges que le corselet,
profondément striées, ses pattes comprimées avec les
tarses longs et grêles, le 1er article étant très-allongé,
le 3e non bilobé. P. *cylindrus*, 5 à 6 mill., allongé,
presque cylindrique, d'un brun plus ou moins noirâtre,
antennes et pattes roussâtres, corselet finement ponctué,
élytres ponctuées, à stries fortes et larges, les intervalles
en forme de côtes, extrémité presque tronquée avec

une dent aiguë au bout de la 3e strie; sur les chênes.
P. *oxyurus*, un peu plus petit, plus brun, élytres plus
élargies en arrière, terminées par une pointe conique
un peu divergente ; sur les sapins, dans les Pyrénées.

FAMILLE DES LONGICORNES.

(CERAMBYCIDES.)

Les insectes de cette famille sont de grande ou de
moyenne taille, rarement assez petits; leur forme est
allongée, leurs antennes sont longues de 11 articles, insérées près des yeux qui sont généralement échancrés;
leurs mandibules sont robustes, les tarses de 4 articles,
dont le 3e presque toujours cordiforme ou bilobé (1). Ce
caractère d'avoir 4 articles aux tarses leur est commun
avec les Chrysomélides et il est difficile de séparer nettement ces 2 familles ; tout ce qu'on peut dire, c'est que
chez les Longicornes, les mandibules sont plus robustes,
plus aiguës; que le corps n'est jamais globuleux ni
ovale; que les antennes sont plus longues et plutôt
atténuées que renflées vers l'extrémité.

On trouve ces insectes soit sur les fleurs, soit sur les

(1) Un seul genre, *Spondylis*, a 5 articles aux tarses.

arbres où leurs larves ont vécu ; quelques-uns dont les élytres sont soudées se trouvent à terre et se réfugient sous les pierres.

I. Prioniens. Hanches antérieures transversales; yeux réniformes, échancrés; tête enchâssée dans le corselet, non rétrécie derrière les yeux ; corselet plus ou moins rebordé ; cavités cotyloïdes largement angulées en dehors; dernier article des palpes tronqué; crochets des tarses simples.

Le g. **Spondylis**, remarquable par ses tarses de 5 articles et ses antennes courtes, commence cette tribu ; corps cylindrique, tête presque aussi large que le corselet, ce dernier globuleux. S. *buprestoïdes*, 16 à 20 mill., noir, médiocrement brillant, très-ponctué, élytres ayant chacune deux lignes élevées; dans les souches des pins et des sapins; reste immobile le jour, vole le soir et mord assez fortement. Midi et Alpes.

Les genres suivants ont le corselet rebordé et presque toujours épineux latéralement. Le g. **Prionus** a 3 larges épines de chaque côté du corselet, les antennes robustes, surtout chez les mâles, qui ont 12 articles imbriqués, tandis que les antennes des femelles sont grêles et composées de 11 articles; tête bien plus étroite que le corselet, fortement inclinée; élytres grandes et larges. P. *coriarius*, 25 à 35 mill., d'un brun noir assez brillant, rougeâtre en dessous, poitrine couverte de poils gris serrés, élytres rugueusement ponctuées avec quelques lignes élevées; dans les vieux chênes, où la larve perce des trous profonds.

Dans le g. **Ergates**, le corselet, presque aussi large

que les élytres, est finement crénelé sur les côtés avec quelques petites épines, le disque est sculpté chez les mâles qui ont les antennes un peu plus longues que le corps; les élytres sont grandes, allongées, avec une petite épine à l'angle sutural. E. *faber*, 30 à 38 mill., l'un de nos plus grands insectes, d'un brun noir ou rougeâtre, densément ponctué; le 1er article des antennes est gros, rugueux; dans les souches de pins, dans le midi de la France.

Le g. **Ægosoma** se distingue facilement par la tête presque horizontale, les yeux distants du corselet, les antennes couvertes de fines aspérités, le corselet petit, atténué en avant, non rebordé latéralement avec les angles postérieurs en épine courte, les élytres sont longues, à peine convexes, avec une épine à l'angle sutural. Æ. *scabricorne*, 40 à 50 mill., allongé, d'un brun roussâtre mat, plus clair sur les élytres et les pattes; sur les vieux tilleuls, les hêtres, les ormes; plus ommun dans le Midi.

II. Cérambyciens. Hanches antérieures globuleuses; yeux réniformes, échancrés; tête oblique ou penchée, sans col distinct; corselet non rebordé latéralement; dernier article des palpes presque toujours tronqué.

A. Cavités cotyloïdes antérieures largement angulées en dehors et largement ouvertes en arrière.

Le g. **Asemum** rappelle les *Spondylis* par le corps cylindrique et les antennes courtes; mais il s'en distingue par les tarses de 3 articles, les antennes grêles; le corps

moins convexe ; les yeux sont petits, faiblement sinués ;
le corselet est anguleusement arrondi sur les côtés, les
élytres présentent plusieurs côtes peu saillantes, interrompues ; les hanches antérieures, très-découvertes,
paraissent un peu transversales. A. *striatum*, 12 à
15 mill., d'un brun foncé, parfois rougeâtre sur les
élytres, presque mat, très-finement et densément ponctué ; se tient immobile sur les écorces des pins.

Dans le g. **Criocephalus**, les antennes, quoique
plus longues, n'atteignent pas l'extrémité du corps, le
2e article est aussi long que la moitié du 3e, la tête est
assez grosse, les yeux sont très-écartés, seulement
échancrés, le dernier article des palpes maxillaires est
tronqué, le corselet est arrondi, les élytres sont longues ;
C. *rusticus*, 15 à 30 mill., entièrement d'un brun roux
plus ou moins foncé, mat, densément et très-finement
ponctué, corselet ayant deux impressions, élytres ayant
chacune 3 lignes élevées très-fines ; sur les souches de
pins ; plus commun dans le Midi.

Le g. **Tetropium** se distingue du précédent
par les antennes plus robustes, les yeux partagés en
2 parties séparées, le dernier article des palpes élargi
et tronqué obliquement ; les élytres sont aussi atténuées en arrière, mais les épaules plus marquées, le
mésosternum forme une pointe en arrière, les hanches
antérieures sont rapprochées et les cuisses épaisses
T. *luridum*, 10 à 15 mill., d'un brun noir brillant,
élytres et pattes souvent rougeâtres, densément et finement ponctuées, corselet ayant une impression au milieu ;
commun sur les sapins, dans les Alpes.

Les **Callidium** diffèrent des genres précédents

par le 2ᵉ article des antennes plus court que la moitié
du 3ᵉ et par le corps déprimé ; le corselet est rarement
angulé sur les côtés, les antennes sont aussi longues ou
un peu plus longues que le corps, assez robustes, les
élytres sont largement arrondies, souvent un peu
élargies en arrière, les pattes postérieures sont plus
longues que les autres, les cuisses sont grêles à la
base et grosses à l'extrémité. Chez les uns, les hanches
antérieures sont contiguës : C. *variabile*, 10 à 15 mill.,
couleur passant du roussâtre clair au bleu ardoisé, corselet
ayant plusieurs petites élévations ; antennes non comprimées, 3ᵉ et 4ᵉ articles égaux ; très-commun, surtout dans
les maisons, les bûchers, les celliers. C. *sanguineum*,
10 mill., noir, avec le dessus d'un beau rouge velouté,
corselet inégal, angulé latéralement; aussi commun que
le précédent, au printemps, dans les maisons, sortant des
bûches de chêne. C. *alni*, 4 à 6 mill., noir brillant, antennes, base des élytres et des cuisses, jambes et tarses
rougeâtres, élytres ayant deux bandes transversales
arquées, blanches. C. *violaceum*, 12 mill., d'un bleu
foncé, rugueusement ponctué, antennes et pattes d'un
bleu noir ; élytres larges ; dans les montagnes, sur les
sapins. Chez les autres, les hanches sont largement séparées : C. *clavipes*, 6 à 12 mill., entièrement noir,
dessus densément et assez fortement ponctué, mat, dessous et pattes brillants; élytres un peu élargies en
arrière.

Le g. **Hylotrupes** ne diffère que par ses antennes
grêles, courtes, ne dépassant pas le milieu du corps, à
3ᵉ article beaucoup plus long que le 5ᵉ; le 4ᵉ plus court
que les 3ᵉ et 5ᵉ; le corselet transversal, fortement

arrondi sur les côtés, présente sur le disque 2 tubercules lisses; les élytres sont un peu déhiscentes à l'extrémité; les pattes sont grêles, assez courtes; les cuisses brusquement renflées. H. *bajulus*, 12 à 16 mill., épais, noir, à villosité blanche; élytres parfois rousses, ayant au milieu une large tache pubescente ; commun partout.

Le g. **Rosalia**, qui renferme le plus joli coléoptère de nos pays, est remarquable par les antennes ornées de houpes soyeuses, la tête presque horizontale, à mandibules robustes, dentées en dehors, par les élytres flexibles, déprimées, les cuisses postérieures de largeur presque égale et les cavités cotyloïdes antérieures larges et arrondies. R. *alpina*, 20 à 28 mill., d'un bleu cendré pâle, avec des taches d'un noir velouté; corselet inégal, angulé sur les côtés; Alpes, Pyrénées, sur les hêtres.

B. Cavités cotyloïdes antérieures très-étroitement angulées et étroitement ouvertes en arrière.

a. Corselet ayant de chaque côté un tubercule plus ou moins pointu; cuisses à peine rétrécies à la base.

Le g. **Callichroma** se distingue au premier coup-d'œil par sa couleur métallique; mais, en outre, les palpes maxillaires ne dépassent pas le lobe externe des mâchoires et leur dernier article est plus long que les deux précédents réunis. C. *moschata*, 15 à 25 mill., d'un vert métallique brillant, parfois bleuâtre ou un peu doré, parfois d'un bleu foncé, élytres très-finement

7

et densément ponctuées; sur les saules, les osiers,
exhale une odeur musquée ou rosée très-forte.

Les **Cerambyx** ou Capricornes sont de grands et
robustes insectes, à couleurs sombres, à longues antennes, épaisses et même noduleuses à la base, mais
s'amincissant beaucoup vers l'extrémité; les palpes
maxillaires sont saillants : le corselet, plissé ou ridé,
est armé sur les côtés d'un fort tubercule épineux; les
élytres allongées, convexes, sont souvent atténuées à
l'extrémité, couvertes de fines rugosités, plus marquées
à la base; les pattes sont assez grandes, robustes, un
peu comprimées. *C. heros*, 30 à 50 mill., d'un brun
noir, assez brillant; élytres finement rugueuses, très-
atténuées en arrière, presque lisses et rougeâtres à
l'extrémité, angle sutural muni d'une très-courte épine;
corselet fortement ridé en travers; antennes ayant les
3 ou 4 premiers articles noduleux, bien plus longues
que le corps chez les mâles, un peu plus courtes que
le corps chez les femelles; sur les chênes. *C. miles*,
30 mill., plus petit, même coloration, un peu pubescent; élytres moins atténuées en arrière, arrondies à
l'angle sutural; corselet moins profondément ridé; antennes à peine plus longues que le corps chez les mâles,
articles très-gros; Fr. mér. *C. velutinus*, 40 à 50 mill.,
d'un brun un peu rougeâtre, à pubescence cendrée très-
fine; élytres à peine atténuées en arrière, tronquées
obliquement, avec l'angle sutural épineux; corselet
fortement et irrégulièrement ridé; antennes assez
longues chez les mâles, dépassant à peine le milieu du
corps chez les femelles; Fr. mér., sur les chênes.
C. cerdo, 20 à 25 mill., plus petit, non atténué en ar-

rière, tout noir, très-chagriné; corselet plus finement
ridé; antennes cendrées; ne dépassant guère le corps
chez les mâles, nullement noduleuses à la base; très-
commun, vit dans les troncs de pommiers, poiriers, etc.

Les **Purpuricenus** se reconnaissent facilement
à leur corps épais, non atténué en arrière; le corselet
globuleux, également ponctué, sans rides, ayant de
chaque côté un tubercule conique; cuisses postérieures
un peu comprimées; les élytres sont rouges, quelquefois même une partie du corselet. *P. Kœhleri*, 15 à
20 mill., d'un noir mat; élytres mates, d'un beau rouge,
ayant souvent sur la suture une tache noire très-variable; corselet souvent taché de rouge; vit dans divers
arbres fruitiers; se trouve souvent sur les fleurs d'oi-
gnons.

> b. Corselet presque globuleux, sans tubercules
> latéraux; cuisses notablement rétrécies à la base.

Les **Clytus** ont la tête fortement inclinée, la face
aplatie en avant, les antennes moins longues que le
corps, les yeux courts et obliques, les palpes courts, le
corselet plus ou moins globuleux, le corps épais, convexe, orné de couleurs très-variées; le prosternum est
assez étroit, les pattes postérieures sont assez longues.
Les uns ont une tête grosse, ayant au milieu deux carènes aplaties et une autre carène longeant les yeux,
sous laquelle les antennes sont insérées; le corselet est
couvert de fines aspérités. *C. liciatus*, 15 mill., d'un
noir mat, à pubescence éparse, d'un gris roussâtre,
formant sur le corselet 4 lignes interrompues et sur les
élytres plusieurs lignes en zigzag, plus ou moins régu-

lières; antennes très-courtes; sur les peupliers. Les
autres ont une tête ordinaire, sans carène, le corselet
sans aspérités : *C. detritus*, 13 à 20 mill., d'un brun foncé
ou rougeâtre, élytres avec 4 ou 5 bandes transversales
jaunes, les dernières plus ou moins élargies et confondues; corselet couvert d'une fine pubescence jaune,
avec deux bandes noires, une au milieu, l'autre à la
base. *C. arcuatus*, 5 à 16 mill., d'un noir foncé; antennes et pattes rousses; corselet ayant deux bandes
étroites, fortement interrompues; élytres ayant à la base
4 points jaunes, dont un sur l'écusson et un autre sur
la suture, plus 4 bandes jaunes arquées, la dernière
terminale; très-commun sur les chênes récemment
abattus. *C. arietis*, 9 à 15 mill., d'un noir mat, corselet étroitement bordé de jaune en avant et en arrière;
élytres parallèles, ayant au milieu une bande transversale oblique, remontant sur la suture; en arrière 2 bandes
transversales, la dernière terminale; à la base une
courte bande transversale n'atteignant pas la suture, et
l'écusson d'un beau jaune; pattes et antennes rousses,
ces dernières obscures à l'extrémité. *C. gazella*, plus
petit, même coloration, dessins plus étroits, corps plus
grêle; antennes plus longues, plus minces; cuisses postérieures noirâtres. *C. trifasciatus*, 7 à 12 mill., antennes, pattes et corselet d'un rouge un peu brique, ce
dernier avec une bande obscure; élytres d'un brun noir,
avec 4 bandes blanchâtres, la deuxième remontant par
la suture jusqu'à la bande basilaire très-étroite; Fr. mér.
C. plebejus, 7 à 10 mill., noir, corselet, antennes et
pattes à pubescence cendrée; élytres ayant une tache
subhumérale, une bande très-oblique, remontant sur

la suture, puis deux bandes transversales d'un gris
cendré. *C. massiliensis*, plus petit, d'un noir plus brillant, à bandes blanches, plus étroites, la médiane oblique
et remontant jusque sur la suture; très-commun.
C. quadripunctatus, 10 à 12 mill., couvert d'une pubescence rousse-olivâtre extrêmement serrée, avec 3 ou
4 points noirs dénudés sur chaque élytre. *C. ornatus*, 8 à
10 mill., couvert d'une pubescence d'un jaune un peu
verdâtre, une bande noire transversale au milieu du
corselet; 3 bandes noires sur les élytres, la première en
forme de C; Fr. mér.

   C. Cavités cotyloïdes antérieures complétement
    fermées en arrière, angulées en dehors.

 Le g. **Cartallum**; la tête est aussi large ou plus large
que le corselet, avec les yeux triangulaires à peine sinués; corselet plus long que large, angulé latéralement,
élytres à peine atténuées vers l'extrémité qui est
arrondie, les cuisses sont fortement renflées au milieu.
C. *ebulinum*, 6 à 10 mill., corselet rougeâtre, tête
presque noire, élytres bleues ou vertes : Fr. mér.

 Le g. **Stenopterus**, à élytres rétrécies et déhiscentes en arrière; tête oblique, yeux fortement échancrés, corselet ayant 3 élévations lisses. S. *rufus*, 5 à
10 mill., noir, élytres d'un jaune rougeâtre, noires à la
base, corselet couvert de poils dorés à la base et au bord
antérieur, abdomen à anneaux également de poils dorés;
très-commun sur les ombellifères.

 Le g. **Molorchus**, élytres beaucoup plus courtes
que l'abdomen, corselet allongé, yeux profondément
échancrés, les antennes parfois plus longues que le

corps, cuisses très-grêles à la base, très-renflées à l'extrémité. *M. minor*, 8 à 10 mill., d'un brun noir,
élytrés, antennes et pattes, sauf l'extrémité des cuisses,
d'un brun rougeâtre, corselet très-densément ponctué,
élytres ayant une raie blanche près de l'extrémité, antennes des mâles bien plus longues que le corps; dans
les montagnes. *M. umbellatarum*, bien plus petit, plus
étroit, corselet plus rétréci à la base et en avant, ayant
une petite élévation au milieu, élytres sans tache, antennes plus courtes que le corps, cuisses peu renflées.

III. Lamiaires. Hanches antérieures globuleuses,
   ordinairement très-saillantes; tête courte,
   perpendiculaire, sans col; corselet non rebordé,
   souvent épineux latéralement; dernier article
   des palpes fusiforme; jambes antérieures
   ayant un sillon oblique vers l'extrémité.

   A. Corselet ayant de chaque côté une épine ou
      un tubercule pointu; crochets des tarses
      simples.

Le g. **Ædilis** a les antennes grêles, nues, le 1er article
allongé, fusiforme, presque aussi long que le 3e, le corselet épineux de chaque côté; chez les mâles, les antennes sont souvent plus de 2 fois aussi longues que le
corps. *Æ. montana*, 15 à 20 mill., d'un gris cendré
avec des nébulosités plus foncées, 4 tubercules jaunes
en ligne transversale sur le corselet; commun sur les
tas de bûches de pins, au mois de mai; sa larve fait
beaucoup de dégâts sur les arbres de cette espèce.

Le g. **Liopus**, qui ressemble beaucoup au précédent, en diffère par le corps plus étroit, plus convexe,

les antennes plus courtes, le pygidium caché et le mésosternum étroit. *L. nebulosus*, 5 à 6 mill., d'un gris cendré piqueté de noir; articles des antennes fauves, avec l'extrémité obscure; une bande noirâtre assez vague, transversale noirâtre vers les 2/3 des élytres; commun dans les bois de chênes.

Les **Pogonocherus** sont de petits longicornes à antennes ciliées, avec le 1er article plus gros, plus court que le 3e; leurs palpes sont courts et ne dépassent pas la bouche; le corselet est armé latéralement d'une courte épine et tuberculé en dessus; les élytres, à nervures assez saillantes, sont déprimées en demi-cercle derrière l'écusson; elles sont souvent tronquées et épineuses à l'extrémité. *P. dentatus*, 4 à 6 mill., brun, à pubescence variée de brun et de fauve, écusson noir, élytres épineuses à l'extrémité externe, testacées, tachetées de noir, une bande oblique blanchâtre allant de l'épaule vers le milieu de la suture; en avant, sur la nervure intermédiaire, une touffe de poils noirs soyeux, et en arrière 2 faisceaux moins relevés; assez commun dans les fagots de chêne. Chez d'autres, les élytres sont simplement tronquées à l'extrémité : *P. ovatus*, 4 à 5 mill., brun, couvert de pubescence cendrée, écusson gris, élytres ovalaires, bordées de noir en arrière, ayant une bande oblique cendrée partant de l'épaule, la nervure interne ayant en arrière 2 faisceaux noirs; dans les branches sèches des pins.

Chez les insectes précédents, les cuisses sont renflées en massue et les cavités cotyloïdes antérieures sont peu ou non angulées; dans les genres suivants, les cuisses ne sont pas renflées et les cavités cotyloides sont assez fortement angulées en dehors.

Les **Monohammus** sont de grands insectes d'un brun brillant, légèrement bronzé, tachetés de gris ou de roussâtre, à pattes antérieures plus grandes que les autres, chez les mâles; la tête est horizontale en dessus, à face étroite, très-inclinée en dessous, fortement creusée entre les antennes; ils sont ailés et propres surtout aux montagnes. *M. sartor*, 18 à 20 mill., écusson couvert d'un duvet jaune serré; antennes noires chez les mâles, cannelées de gris chez les femelles; Alpes. *M. sutor*, 27 à 30 mill., diffère par la taille plus grande et l'écusson sillonné de noir; Alpes, Jura. *M. galloprovincialis*, 18 à 22 mill., plus brun, à taches rousses, pattes fauves; écusson roux; dans les bois de pins du midi de la France.

Le g. **Lamia** se compose d'une seule espèce qui vit sur les saules, la tête est arquée depuis le sommet, la face est large, presque carrée, à peine sillonnée entre les antennes qui sont écartées, robustes et moins longues que chez le genre précédent : *L. textor*, 17 à 25 mill., d'un brun noir, presque mat, à pubescence grise assez serrée; élytres chagrinées, parsemées de quelques taches fauves peu marquées; commune partout.

Les **Morimus** diffèrent par les élytres soudées et les ailes rudimentaires, et la forme plus courte; les élytres sont d'un brun noir, à pubescence cendrée et 4 taches d'un noir velouté. *M. lugubris*, 20 à 50 mill., élytres assez fortement élargies au milieu, déprimées vers la base, antennes très-longues, 1er article de moitié au moins plus court que le 3e; dans le saule, l'osier, le poirier. *M. funestus*, 15 à 25 mill., élytres régulièrement convexes, à peine élargies au milieu; antennes

assez courtes, 1er article à peine aussi long que le 3e ;
Fr. mér.

Les **Dorcadion** se distinguent par les épaules
arrondies, les élytres soudées, la tête arquée depuis le
sommet, à peine sillonnée entre les antennes qui sont
écartées ; on les trouve à terre et même sous les pierres ;
ils font entendre, lorsqu'on les saisit, un bruit causé
par le frottement du corselet contre l'écusson. *D. fuli-*
ginator, 15 mill., noir, élytres couvertes d'une pubescence fine, courte, serrée, soyeuse, d'un gris cendré ou
blanchâtre uniforme, ou brunes avec des bandes grises ;
corselet rugueusement ponctué avec une ligne médiane
lisse, élevée ; commun partout et très-variable.

Le g. **Parmena,** propre au midi, diffère par le
corps très-velu, et le corselet tuberculé latéralement et
non épineux ; les élytres sont plus ovalaires. *P. pilosa*,
8 à 10 mill., d'un brun assez foncé, à pubescence grise,
soyeuse ; antennes ciliées ; corselet impressionné au
milieu, élytres fortement ponctuées, ayant parfois une
fascie médiane noirâtre ; dans les tiges d'euphorbes.

B. Prothorax dépourvu, sur les côtes, d'une épine
ou d'un tubercule pointu.

α. Crochets des tarses simples.

Les **Mesosa** ont le corps trapu, court, la face large,
aplatie, le corselet plus ou moins plissé latéralement,
les cavités cotyloïdes antérieures étroitement et brièvement angulées en dehors, le mésosternum angulé à
la base. *M. curculionoides*, 12 mill., noire, couverte
d'une pubescence grise, parsemée de petites taches

jaunâtres; sur le corselet 4 taches d'un noir velouté, cerclées de jaune, deux taches semblables sur chaque élytre. *M. nubila*, 12 mill., diffère par les élytres sans taches noires, ayant des fascies grises, jaunâtres et noirâtres, ayant en dehors une grande tache grisâtre ; corselet à lignes longitudinales noires.

Les **Agapanthia** ont le corps allongé, les antennes de 12 articles longues, la tête étroite, la face très-renversée en dessous, le corselet angulé latéralement ; ce sont des insectes élégants, dont les larves vivent dans les chardons, les asphodèles, etc. *A. asphodeli*, 15 à 20 mill., d'un vert olivâtre, à pubescence roussâtre, corselet ayant 2 larges bandes noires, écusson orangé, antennes ayant les 2 premiers articles noirs, les autres noirs avec la base d'un rosé brunâtre; Fr. mér. *A. angusticollis*, 14 mill., allongée, d'un brun noir un peu bronzé, tacheté de roux, antennes ayant les 2 premiers articles noirs, les autres gris à la base, corselet ayant 3 bandes fauves; élytres étroites, très-ponctuées; dans les endroits humides. *A. violacea*, 10 à 12 mill., entièrement d'un bleu verdâtre ou violacé, densément ponctuée ; sa larve vit dans les tiges de la valériane et du chardon à foulon. *A. gracilis*, 6 à 10 mill., très-étroite, tête proéminente entre les antennes, qui sont très-grêles et très-longues; d'un brun noir, à pubescence d'un cendré jaunâtre formant une bande sur la suture; Fr. mér. et centr. ; sa larve vit dans la tige du blé et est connue sous le nom d'aiguillonnier ; elle fait des ravages sérieux dans certaines années.

Les **Saperda** ont des antennes de 11 articles, le

corselet cylindrique; leurs antennes sont robustes; leur tête est aussi assez inclinée en dessous; vivent sur les peupliers, les saules, les bouleaux. Les unes ont le corps presque cylindrique, les élytres arrondies à l'extrémité et convexes : S. *populnea*, 10 à 12 mill., velues, brunes, à pubescence fauve, 2 ou 3 bandés fauves sur le corselet, élytres fortement et rugueusement ponctuées de fauve ayant en outre 4 ou 5 petites taches rousses; antennes annelées. Les autres ont les élytres un peu déprimées, très-larges aux épaules, acuminées à l'extrémité : S. *carcharias*, 22 à 25 mill., brune, mais couverte d'une villosité serrée d'un jaune roux ou un peu cendré; corselet un peu caréné au milieu; élytres grossement ponctuées; antennes cendrées avec l'extrémité des articles noire; dévaste souvent les plantations de peupliers.

D'autres ont les élytres tronquées et déprimées : S. *scalaris*, 15 mill., noire, corselet à duvet jaune, marqué de 3 taches noires, élytres à grandes taches d'un beau jaune, parfois verdâtre, souvent confluentes; dessous à pubescence d'un jaune verdâtre; sur les bouleaux, les cerisiers, etc. S. *punctata*, 12 à 15 mill., d'un vert tendre ou bleuâtre, 6 points noirs sur le corselet, 6 taches sur chaque élytre et une rangée de points noirs sur chaque côté de l'abdomen; sur les ormes.

b. Crochets des tarses bifides ou lobés à la base.

Chez le genre **Tetrops**, les yeux sont complétement partagés en 2 parties, les crochets des tarses sont simplement lobés à la base; le corps est parallèle, les antennes ne sont pas plus longues que le corps. T. *præusta*,

4 mill., noire, élytres d'un jaune d'ocre avec le bout noir, pattes jaunes, les 4 dernières cuisses noires ; sur les chênes, les poiriers, les ormes, etc.

Les crochets des tarses sont bien fendus chez les genres suivants :

Les **Oberea** sont reconnaissables à leur corps allongé, aux élytres parallèles, rétrécies seulement à l'extrémité, qui est tronquée ou échancrée, percées de gros trous ; leurs antennes sont fortes. *O. oculata*, 15 à 18 mill., dessous, corselet, écusson et pattes d'un beau jaune d'ocre ; deux gros points noirs sur le corselet ; tête, antennes et élytres noires ; ces dernières couvertes d'une pubescence cendrée et percées de gros points ; sur les osiers et les saules. *O. pupillata*, 14 mill., diffère par le corselet n'ayant qu'un seul point noir et les élytres ayant une tache jaune près de l'écusson ; sur les chèvrefeuilles. *O. linearis*, 13 mill., plus étroite, noire, très-ponctuée, avec les pattes d'un jaune pâle ; sur les noisetiers. *O. erythrocephala*, 10 mill., noire, couverte de duvet cendré ; tête et souvent le disque du corselet d'un jaune rouge, ainsi que les pattes et les 2 derniers segments abdominaux ; sur les euphorbes ; France méridionale.

Les **Phytœcia** ont les élytres atténuées de la base à l'extrémité ; la tête grosse, les antennes cylindriques, assez grêles ; leurs larves vivent dans diverses plantes, surtout les Borraginées, les Solanées. *P. lineola*, 5 à 6 mill., noire, couverte d'une pubescence ardoisée, corselet ayant au milieu une carène obtuse, d'un jaune roussâtre ; élytres ponctuées, pattes noires ; jambes antérieures et seconde moitié des cuisses d'un jaune rou-

geâtre. *P. virescens*, 8 à 12 mill., yeux partagés en
deux parties distinctes, couverte d'une pubescence d'un
vert cendré et hérissée de poils obscurs, corselet ayant
deux bandes vagues plus pâles, écusson d'un blanc
cendré verdâtre; sur la vipérine.

IV. Lepturètes. Hanches antérieures coniques,
très-saillantes, souvent contiguës; tête saillante, rétrécie à la base en col plus ou moins
marqué; corselet non rebordé, souvent rétréci
en avant; dernier article des palpes ordinairement allongé, un peu triangulaire.

A. Yeux largement et fortement échancrés. Antennes insérées dans ou près de cette échancrure.

Les **Necydalis** sont remarquables par leurs élytres,
qui recouvrent à peine la base de l'abdomen, leur tête
renflée derrière les yeux, les antennes robustes. *N.
major*, 25 à 30 mill.; tête et corselet noirs, ce dernier
ayant 2 sillons transversaux, couvert d'une pubescence
dorée, élytres fauves, bordées de noir en arrière, à
pubescence dorée le long de la suture; cuisses intermédiaires et postérieures arquées à la base; sur les ormes,
les chênes.

B. Yeux faiblement échancrés, souvent entiers.
Antennes insérées à une certaine distance des
yeux, très-rarement auprès d'eux.

Le g. **Vesperus**, propre au midi, est remarquable
par sa coloration pâle, ses téguments mous, sa tête
grosse, renflée en arrière, ses yeux gros, ses antennes

grêles, plus longues que le corps chez les mâles; le corselet est conique, les hanches antérieures sont saillantes, contiguës; les femelles ont les élytres très-courtes, déhiscentes. *V. strepens*, 20 mill., d'un fauve pâle; élytres d'un jaunâtre pâle, grandes et dépassant l'abdomen chez les mâles.

Les **Stenocorus** ont aussi une grosse tête, mais leurs téguments sont solides; les antennes sont très-courtes et robustes, le corselet est fortement épineux sur les côtés; les élytres sont grandes et amples dans les 2 sexes, les hanches ne sont pas contiguës. *S. mordax*, 15 à 20 mill., noir, couvert d'une pubescence d'un jaune fauve, formant de nombreuses taches sur les élytres; écusson dénudé à la base; élytres ayant 2 bandes transversales rousses, plus ou moins distinctes; tête parfois énorme chez les mâles; commun dans les bois de chênes. *S. inquisitor*, 15 à 18 mill., ressemble beaucoup au précédent, en diffère par la forme un peu moins massive, l'écusson dénudé à l'extrémité et les élytres ayant de chaque côté, vers le milieu, une tache noire; dans les montagnes, sur les pins et les sapins. *S. indagator*, 10 à 12 mill., couvert d'une pubescence cendrée, tête et corselet dénudés de chaque côté, ce dernier dénudé au milieu, ainsi que l'écusson, élytres ayant chacune 3 côtes assez saillantes, tachetées de nombreux points noirs dénudés; avec le précédent. *S. bifasciatus*, 15 à 20 mill., noir, peu pubescent; élytres très-ponctuées, ayant chacune 4 nervures, rougeâtres sur les côtés, avec 2 bandes jaunes, la 1re un peu oblique, la 2e transversale, arquée, extrémité des élytres souvent d'un fauve rougeâtre; dans les souches de sapins et de châtaigniers.

Le g. **Rhamnusium** diffère par la tête courte et large, le corselet ayant 4 tubercules sur le disque; les antennes sont plus longues, les élytres, moins convexes, sont plus amples. *R. bicolor*, 15 à 20 mill., tantôt entièrement d'un rouge brique, tantôt ayant les élytres d'un bleu ardoisé; sur les vieux ormes.

Le dernier groupe se distingue par la tête plutôt triangulaire, les yeux assez gros, saillants, les antennes assez longues et par les hanches antérieures seules contiguës.

Le corselet est armé latéralement d'une épine ou d'un angle chez les **Toxotus**, dont les antennes présentent le 4e article plus court ou à peine plus long que la moitié du 5e, le dernier article des palpes maxillaires est élargi à l'extrémité. *T. meridianus*, 15 à 20 mill., fauve, couvert d'une fine pubescence soyeuse cendrée ou jaunâtre; corselet un peu relevé au bord postérieur; élytres peu convexes, obliquement tronquées à l'extrémité; sur les arbres fruitiers et les aubépines en fleurs. *T. cursor*, 20 mill., noir, à pubescence cendrée; corselet ayant de chaque côté une saillie allongée, élytres convexes, terminées par une courte épine à bandes rougeâtres chez les femelles, qui sont plus grandes et plus larges; dans les montagnes.

Le corselet est simplement tuberculé ou angulé sur les côtés chez les **Pachyta**, dont les antennes ont le 4e article au moins aussi long que les 2/3 du 3e; leur corps est assez épais, convexe, les antennes sont assez grandes. Les cuisses postérieures dépassent les élytres chez la *P. quadrimaculata*, 11 à 15 mill., noire avec les élytres d'un jaune pâle, ornées chacune de 2 grandes

taches noires; Alpes. Les cuisses postérieures ne dépassent pas les élytres chez les suivantes : *P. virginea*,
10 mill., courte, épaisse, noire, abdomen rouge, élytres
d'un bleu métallique; Alpes. *P. collaris*, 8 à 9 mill.,
d'un noir brillant, corselet presque globuleux, d'un
rouge plus ou moins foncé.

Les **Leptura** se distinguent par la tête brusquement rétrécie à la base, portée sur un col distinct; les
antennes insérées en arrière du bord antérieur des
yeux; le corselet non angulé ni épineux; les élytres
sont généralement rétrécies de la base à l'extrémité, qui
est tronquée ou échancrée. *L. calcarata*, 15 à 18 mill.
allongée, noire, antennes annelées de jaune, élytres
jaunes, ayant chacune, en arrière, 2 bandes transversales noires, et en avant des taches noires disposées
en bande et une tache arquée; cuisses jaunes; les
postérieures noires à la base; jambes jaunes à la
base, les postérieures dentées ou anguleuses en dedans chez les mâles; très-commune partout. *L. attenuata*,
12 mill., très-étroite et comprimée, noire, extrémité des
antennes rousses, élytres jaunes, à 4 bandes noires, bordées de noir sur la suture et en dehors; pattes jaunâtres
avec l'extrémité des cuisses et jambes noires; dans les
montagnes. *L. quadrifasciata*, 13 à 15 mill., même
coloration, mais plus grande et bien plus large, corselet
sillonné transversalement à la base; dans les endroits
froids et montagneux, sur les saules, etc. *L. aurulenta*,
13 à 18 mill., même forme et même dessin, mais
élytres d'un rouge roussâtre, antennes rousses chez les
femelles. *L. bifasciata*, 10 mill., étroite, subparallèle,
d'un noir brillant, corselet arqué sur les côtés, élytres

d'un rouge foncé, échancrées à l'extrémité, ayant, chez
les femelles, une bande transversale noire, placée aux
2/3 en arrière, élargie sur la suture ; très-commune
sur les ombellifères. *L. melanura*, 8 à 9 mill., noire,
élytres d'un rouge livide chez les mâles, d'un rouge
lisse foncé chez les femelles, avec la suture et l'extrémité noires. *L. lœvis*, 6 à 7 mill., petite, étroite, noire,
à pubescence soyeuse, élytres tronquées obliquement,
d'un roussâtre livide, suture, bord externe et extrémité
noires ; commune partout sur les ombellifères. *L. nigra*,
8 à 9 mill., entièrement noire, avec la moitié postérieure
de l'abdomen rouge, élytres très-ponctuées, obliquement
tronquées ; sur la lisière des bois. *L. cerambyciformis*,
8 à 10 mill., courte, noire, très-convexe, élytres d'un
jaune paille avec plusieurs points et taches noires, bordées de noir à la base ; commune dans les localités
froides et montagneuses. *L. scutellata*, 15 à 18 mill.,
robuste, très-ponctuée, noire, avec l'écusson couvert
d'une pubescence grise ; sur les hêtres. *L. testacea*, 15
à 18 mill., le mâle noir avec les élytres d'un roux jaune,
la femelle plus grande et plus grosse, ayant le corselet
et les élytres rouges, les jambes testacées dans les
2 sexes ; dans les bois de pins et de sapins. *L. hastata*,
15 mill., noire, avec les élytres d'un beau rouge et une
tache noire, commune, suturale, formant un fer de
lance renversée. *L. tomentosa*, 10 à 12 mill., noire,
pubescente, élytres jaunes, extrémité noire, échancrée ; sur diverses fleurs, très-commune ; souvent la
villosité du corselet est couverte du pollen des fleurs.
L. sanguinolenta, 10 mill., noire, avec les élytres d'un
rouge de sang chez les femelles, d'un jaune d'ocre avec

l'extrémité noire chez les mâles; dans les montagnes, sur les ombellifères.

Les **Grammoptera** diffèrent des **Leptura** par la tête plus courte, portée sur un col extrêmement court, dont elle est séparée par une brusque section transversale; les élytres sont amples, à peine atténuées en arrière et arrondies ou tronquées à l'extrémité. G. *lurida*, 10 mill., noire, élytres et devant de la tête d'un testacé livide, pattes testacées avec l'extrémité des cuisses et les jambes postérieures noires; tête ovalaire, dégagée du corselet qui est fortement rétréci en avant. G. *quadriguttata*, 10 mill., noire, tête et corselet à pubescence fauve, élytres d'un testacé pâle; tête courte, quadrangulaire; corselet court, médiocrement convexe; dans les bois. G. *ruficornis*, 6 à 7 mill., étroite, noire, à pubescence soyeuse, presque dorée, les 2 premiers articles des antennes fauves, les suivants annelés de noir; pattes fauves, extrémité des cuisses noire; commune sur diverses fleurs. G. *ustulata*, 6 à 7 mill., noire, couverte d'une pubescence dorée, serrée, noire sur l'extrémité des élytres; dessous à pubescence bronzée; pattes rousses, tarses noirs.

FAMILLE DES CHRYSOMÉLIDES.

Ces nombreux insectes, vivant tous sur les plantes, ont, comme les Longicornes, des antennes filiformes et des tarses de 4 articles, et il est difficile d'établir une limite très-nette entre ces deux familles; on peut dire néanmoins que chez les Chrysomélides les antennes sont toujours plus courtes, plus épaisses vers l'extrémité, que les hanches antérieures sont plus souvent contiguës, que les cuisses postérieures sont parfois propres au‑tant et que le corps est généralement plus court.

1re DIVISION. — *Corps sans épines ni expansions la‑térales. Antennes insérées entre les yeux ou à leur angle inféro-interne. Tête allongée, perpendiculaire ou faiblement inclinée en dessous.*

1re Section. — Tête dégagée du corselet, plus ou moins rétrécie à la base en forme de col.

Les **Donacia** se séparent des autres groupes de la famille par leur tête dégagée du corselet, les antennes assez longues, rapprochées à la base, les hanches anté‑rieures contiguës et leurs mœurs aquatiques : le dessous de leur corps est revêtu d'une pubescence satinée, serrée, le 1er segment de l'abdomen est aussi long que les autres réunis, les jambes postérieures sont plus grandes que les autres, avec les cuisses souvent épaisses et den‑

telées en dessous. Toutes vivent sur des plantes aquatiques. Les unes ont deux dents aux cuisses postérieures : *D. crassipes*, 10 mill., large, peu convexe,
d'un vert métallique en dessus, avec reflet bleuâtre,
base des articles des antennes et dessous des pattes rougeâtres ; corselet presque lisse, ayant de chaque côté
une forte saillie, élytres fortement striées-ponctuées ;
D. bidens, 7 mill., même coloration, plus petite,
plus courte ; corselet rugueux, avec un sillon médian ;
cuisses postérieures proportionnellement plus courtes,
plus renflées. Chez d'autres, il n'y a qu'une seule dent
en épine aux cuisses postérieures : *D. reticulata*,
12 mill., la plus grande et la plus belle des Donacies,
d'un bronze cuivreux un peu doré, à teintes verdâtres ;
antennes presque aussi longues que le corps, corselet à
angles antérieurs très-saillants, surface rugueusement
ponctuée, ayant au milieu un court sillon, élytres
grandes, prolongées en arrière, fortement ridées en
travers et à stries ponctuées ; commune dans le midi, ne
dépasse guère Paris. *D. dentipes*, 8 à 9 mill., d'un
vert bronzé avec une large bande cuivreuse sur chaque
élytre ; ces dernières tronquées à l'extrémité avec des
lignes ponctuées, serrées. *D. sagittariæ*, 8 à 10 mill.,
d'un vert métallique un peu soyeux, corselet presque
carré, densément ponctué, sillonné au milieu, angles
antérieurs un peu saillants, élytres à lignes ponctuées
et à impressions oblongues bien marquées. *D. sericea*,
7 à 8 mill., convexe, tête et corselet soyeux, variant du
bronze au vert métallique, corselet très-finement ponctué, fortement sillonné au milieu, élytres obtusément
arrondies à l'extrémité, à stries ponctuées et à rides

transversales. *D. nigra*, 8 à 11 mill., d'un noir verdâtre, avec la tête bronzée, les antennes et les pattes d'un roux testacé; corselet convexe, à peine ponctué; élytres arrondies à l'extrémité, à stries ponctuées et à rides transversales; chez les autres, les cuisses postérieures n'ont ni dents, ni épines. *D. menyanthidis*, 8 à 10 mill., allongée, d'un beau vert un peu doré, antennes et pattes rousses, corselet presque carré, finement ridé, sillonné au milieu, avec deux saillies antérieures, élytres arrondies à l'extrémité, à stries ponctuées assez fortes. *D. hydrocharidis*, 8 mill., convexe, d'un brun bronzé, couverte d'une pubescence cendrée, fine, très-serrée. *D. simplex*, 5 à 6 mill., convexe, d'un vert bronzé avec une teinte un peu cuivreuse sur la suture, antennes et pattes d'un brun rouge ou noirâtre, corselet presque carré, fortement et assez densément ponctué; au milieu un sillon court, profond; élytres assez courtes, tronquées, à stries ponctuées, avec les intervalles finement ridés en travers.

Les **Hæmonia**, très-voisines des *Donacia*, s'en distinguent aisément par les élytres épineuses à l'extrémité, à intervalles relevés, par les tarses grêles, à dernier article extrêmement long, l'avant-dernier étant simple et non bilobé. Au lieu de vivre, à l'état parfait, sur les parties émergées des plantes aquatiques, ces insectes ne sortent pas de l'eau et se tiennent au pied des *Potamogeton*, dans les ruisseaux, les marais, etc. *H. equiseti*, 6 à 7 mill., jaune avec la tête soyeuse, plus foncée, corselet sans points ni rides, rétréci en arrière, sillonné au milieu, avec deux taches noires; stries des élytres fortement ponctuées et noires.

Les **Orsodacna** ont les antennes plus courtes, écartées à la base, le 1er segment de l'abdomen est bien plus court, les hanches antérieures sont séparées par le prosternum et les crochets des tarses sont bifides; les antennes sont assez grêles, le corselet est assez fortement cordiforme. Ces insectes vivent sur les fleurs de plusieurs Rosacées et ressemblent à certains Longicornes. *O. cerasi*, 5 à 7 mill., entièrement d'un jaune pâle, parfois rembruni sur le corselet, élytres convexes, finement et densément ponctuées.

Les **Crioceris** ont également les antennes écartées à la base, mais plus épaisses, leur corselet est beaucoup plus étroit que les élytres, souvent angulé latéralement, les hanches antérieures sont contiguës; les pattes sont assez courtes, robustes; les crochets des tarses sont simples, tantôt libres, tantôt soudés à la base; enfin les yeux sont presque toujours échancrés. Tout le monde connaît la Criocère du lis, *Crioceris merdigera*, 7 à 8 mill., d'un beau rouge corail, avec les pattes noires; une autre, de même couleur, mais à cuisses rouges, vit sur les muguets, *C. brunnea*. Sur les asperges, on trouve la *C. asparagi*, à corselet non anguleux, d'un bleu d'acier ou bronzé, avec le corselet rouge et 4 taches d'un jaune clair, souvent confluentes sur chaque élytre, dont la bordure est rouge, et la *C. duodecimpunctata*, qui est convexe, d'un beau jaune d'ocre, avec 6 points noirs sur chaque élytre. On ne connaît pas au juste les plantes qui nourrissent les espèces suivantes, très-communes : *C. cyanella*, 3 mill., convexe, entièrement d'un bleu d'acier, à corselet lisse et à élytres fortement striées, ponctuées; *C. melanopa*, même forme, d'un bleu d'acier et un peu verdâtre, à corselet et à pattes d'un jaune testacé.

2e *Section*. — Tête enchâssée dans le corselet, parfois peu visible en dessus.

A. Antennes écartées à la base, rapprochées des yeux.

Le g. **Clythra**, qui commence cette section, forme un groupe assez nombreux, caractérisé par un corps cylindrique, les antennes écartées à la base, courtes, larges, presque toujours en scie et les hanches antérieures contiguës; chez les mâles, la tête est plus grosse, les mandibules sont plus grandes, parfois en forme de tenailles, et les pattes antérieures sont très-développées. Leurs espèces, nombreuses dans le Midi, sont rares dans le Nord; on les trouve souvent sur les chardons, mais aussi sur les graminées.

Les uns ont la tête aussi large que le corselet, avec un petit angle saillant sous les yeux, l'épistôme est profondément échancré; les mandibules sont en forme de tenailles, les antennes, courtes et larges, sont fortement dentées, le corselet a les angles postérieurs un peu saillants et relevés; les jambes antérieures sont longues et arquées, les tarses antérieurs sont longs; ils sont d'un vert bronzé ou bleuâtre, avec les élytres jaunes : *C. taxicornis*, 8 à 12 mill., antennes très-larges, tête et corselet rugueusement ponctués; ce dernier obtusément angulé sur les côtés, angles postérieurs obtus, relevés, élytres densément ponctuées, pattes antérieures presque aussi longues que le corps, cuisses antérieures obtusément dentées en dessous; Midi. On trouve dans presque toute la France le *C. longimana*, 3 à 5 mill., à antennes violacées, roussâtres en dessous, à front rugueux, impressionné, à corselet très-ponctué, assez convexe, à élytres d'un jaune paille, avec un petit point huméral brun.

D'autres ont le corps très-lisse ou pubescent, la tête plus étroite que le corselet, faiblement creusée au milieu, les antennes courtes, fortement dentées, le corselet rétréci en avant, tombant sur les côtés, les hanches antérieures sont très-saillantes, les pattes antérieures sont grandes avec les jambes arquées; les uns sont lisses, avec le corselet mélangé de jaune et de noir, les élytres jaunes, ayant chacune 3 ou 4 taches noires, *C. sexpunctata*; d'autres ont le corps pubescent, le corselet tranchant sur les bords, la coloration est d'un noir bleu, avec les élytres jaunes, maculées de noir, *C. palmata*; tous sont propres aux bords de la Méditerranée.

D'autres, très-lisses et très-cylindriques, ont la tête de grosseur ordinaire, toutes les pattes de même grandeur dans les 2 sexes, les antennes courtes, fortement dentées, le corselet court, rétréci en avant, les hanches antérieures peu saillantes; ils sont d'un noir bleu avec les élytres d'un beau jaune, ayant 2 points noirs sur chacune. *C. quadripunctata*, 6 à 10 mill.; toute la France, sur les chênes, les noisetiers, les saules, les bouleaux, etc.

D'autres, de plus petite taille, ont les sexes à peu près semblables, les hanches antérieures peu saillantes, les pattes courtes, égales, les antennes grêles, très-faiblement dentées. *C. concolor*, 3 mill., d'un bleu d'acier ou verdâtre brillant, front rugueux, corselet transversal, ponctué, un peu inégal, écusson lisse, élytres fortement et régulièrement ponctuées ; sur les blés, l'orge, etc. *C. cyanea*, 4 à 6 mill., court, parallèle, d'un noir bleuâtre, brillant, corselet, pattes et base des antennes d'un roux fauve ; yeux assez gros, saillants ; tête rugueuse, corselet lisse, élytres densément ponctuées. *C. affinis*, 2 à 4 mill., différent du précédent par le corselet d'un noir bleu, avec les côtés d'un jaune testacé, faiblement ponctué au milieu et les élytres plus bleues. *C. aurita*, 4 à 6 mill., diffère par les cuisses d'un bleu noir, la tête rugueuse, à sillons angulés, le corsele lisse, plus largement taché de jaune et les élytres à ponctuation confuse à la base, mais formant au milieu des rangées assez distinctes ; sur le tremble, le bouleau, le saule Marceau, etc.

Enfin quelques espèces présentent encore des différences entre les sexes, la tête des mâles est plus grande, les mandibules sont plus robustes, les jambes antérieures plus allongées ; les antennes sont étroites, à peine dentelées. Ce sont des insectes propres au Midi, d'un jaune plus ou moins fauve, avec la tête et des taches sur les élytres d'un noir bleuâtre : *C. scopolina*, 4 à 6 mill.

Les **Cryptocephalus** ou Gribouris ont, comme les *Clythra*, le corps cylindrique, mais il est plus court ; la tête aplatie rentre complétement dans le corselet et ne se voit pas quand on regarde l'insecte en dessus ; le corselet est grand, très-convexe, surtout en avant, les élytres sont échancrées ou sinuées derrière les épaules, les antennes sont longues, filiformes ; enfin le prosternum sépare largement les hanches antérieures, le pygi-

7*

dium est grand et découvert, les pattes antérieures sont
rarement plus longues que les autres. Les larves,
comme celles des *Crioceris* et des *Clythra*, vivent dans
des fourreaux formés de leurs excréments. Les nombreuses espèces de ce genre se trouvent sur les fleurs
de diverses familles et surtout sur les chênes, les peupliers, les saules.

Les unes ont le corps noir ou d'un noir bleu avec les
élytres d'un jaune testacé ou rouge, et tachetées de
points noirs. *C. sexmaculatus*, 7 mill., à fine pubescence grisâtre, corselet très-finement ponctué, élytres
finement ponctuées, en lignes, ayant chacune 3 points
noirs, 1 à l'épaule, les 2 autres en travers après le milieu; France mér. *C. imperialis*, 5 à 7 mill., plus court,
même coloration, corselet non pubescent, à ponctuation
extrêmement fine, élytres à ponctuation fine, serrée,
irrégulière, ayant chacune 5 points noirs, 2 en avant,
2 après le milieu, 1 en arrière; ces points varient beaucoup. *C. rugicollis*, 4 mill., petit, court, à corselet
globuleux, fortement ponctué ou striolé, élytres jaunes,
très-finement ponctuées, à point huméral noir, quelquefois une bande de même couleur sur le bord; Fr.
mér.

D'autres sont d'un bleu d'acier avec les pattes noires.
C. violaceus, 5 mill., corselet très-convexe, très-finement ponctué, élytres presque rugueusement ponctuées, relevées en bosse de chaque côté de l'écusson,
ou d'un vert métallique un peu bleuâtre ou un peu
doré. *C. sericeus*, 7 mill., corselet convexe, densément ponctué, presque striolé, élytres rugueuses et
ponctuées. *C. hypochœridis*, 4 à 5 mill., commun sur

les fleurs de pissenlit, corselet plus atténué en avant, plus conique, bien plus finement ponctué, élytres plus ponctuées et moins rugueuses. *C. globicollis*, 7 mill., plus gros, corselet plus globuleux, plus finement ponctué, élytres moins rugueusement ponctuées; coloration souvent dorée, parfois bleuâtre; France mér.

Le groupe des véritables Chrysomèles se distingue des précédents par le corps ovalaire, souvent hémisphérique, le corselet moins convexe, presque toujours rebordé, les antennes plus robustes, grossissant généralement vers l'extrémité; les hanches antérieures sont toujours séparées, le 1er segment abdominal est plus court que les suivants réunis, le 3e article des tarses est plus ou moins cordiforme, mais non partagé en 2 lobes.

Les **Timarcha** ont un corps massif, épais, très-bombé, de grosses antennes moniliformes; leurs élytres sont soudées, les articles des tarses sont de largeur égale et très-larges chez les mâles; le dernier article des palpes est gros, ovoïde, tronqué; toutes sont d'une couleur noire ou d'un noir bleu, parfois très-brillant. *T. tenebricosa*, 10 à 12 mill., commune partout, passant du noir au noir bleu, presque mat en dessus, brillant en dessous, ainsi que sur les pattes, corselet rétréci en arrière, finement rebordé tout autour, à ponctuation très-fine et serrée; élytres globuleuses, à ponctuation semblable. *T. coriaria*, 8 à 10 mill., plus globuleuse, d'un noir bleu, parfois presque violet, assez brillant, pattes bleu d'acier, très-brillantes; corselet presque aussi large en arrière qu'en avant, densément ponctué, élytres assez finement ponctuées, parsemées de points plus gros; ces espèces sont communes partout, à terre,

quand on les prend, elles exsudent une liqueur rougeâtre.
T. interstitialis, 7 à 10 mill., plus globuleuse, d'un noir
brillant, corselet non rétréci en arrière, densément
ponctué, élytres globuleuses, à ponctuation double,
serrée; Midi et Pyr. or. *T. scutellaris*, 7 à 9 mill., globuleuse, finement et très-densément ponctuée, mate
en dessus, avec l'écusson lisse; Midi. *T. metallica*, 7 à
8 mill., bronzée, brillante, corselet non rebordé, finement ponctué, élytres à ponctuation peu serrée, antennes
et pattes d'un brun rougeâtre, à reflet métallique;
Vosges.

Les **Chrysomela** sont moins grosses et moins
massives que les *Timarcha*; elles en diffèrent par
les tarses à articles inégaux, le 2e étant plus étroit que
les 2 autres et par les cavités cotyloïdes ouvertes en
arrière; le dernier article des palpes maxillaires est
généralement sécuriforme ou ovalaire. Chez les *Chrysomela* proprement dites, le corselet est rétréci en
avant, au moins pas plus large au milieu qu'à la base,
qui est presque aussi large que les élytres; le corps est
ovalaire ou hémisphérique, de consistance très-cornée.
Leurs espèces sont fort nombreuses; chez les unes, le
bord latéral du corselet est séparé du disque par un
sillon profond, allant de la base au bord antérieur :
C. Banksii, 8 à 10 mill., ovalaire, très-convexe, d'un
bronzé brillant, avec les antennes et les pattes d'un
roux testacé; corselet presque lisse, sillon latéral
ponctué, élytres couvertes de gros points formant des
lignes irrégulières. *C. staphylea*, 6 à 8 mill., ovalaire,
entièrement d'un rougeâtre brillant, corselet finement
ponctué, bords latéraux un peu épaissis en bourrelets,

élytres ponctuées, avec quelques lignes régulières laissant entr'elles un espace lisse. — — — —
Chez d'autres, le sillon latéral du corselet est étroit,
mais marqué seulement à la base. *C. molluginis*,
8 à 9 mill., ovalaire, d'un noir bleu, à peine brillant,
corselet court, rétréci en avant, presque lisse, élytres
légèrement coriacées, ayant chacune 4 rangées géminées de points réguliers, le reste irrégulièrement
ponctué. *C. opaca*, 8 à 9 mill., plus grande, plus
bombée en arrière, plus noire, aussi peu brillante, corselet lisse, moins rapidement rétréci en avant, élytres
à ponctuation analogue, mais plus fine; France mér.
C. femoralis, 7 à 9 mill., même forme, d'un noir
faiblement bronzé, plus brillant, cuisses rouges, corselet finement ponctué, élytres à séries géminées plus
distinctes, leurs intervalles un peu relevés.

Chez d'autres, ce sillon latéral est effacé; les élytres
sont tantôt à ponctuation irrégulière : *C. gœttingensis*,
6 à 9 mill., ovalaire; d'un noir bronzé un peu
brillant, un peu violacé en dessous et sur les pattes,
corselet à ponctuation extrêmement fine, plus marquée
sur les bords; élytres à peine plus larges que le corselet; ponctuation assez fine, très-serrée; tantôt à
ponctuation formant des séries bien marquées : *C. hœ-
moptera*, 5 à 8 mill., brièvement ovalaire, d'un bleu
noir brillant; corselet très-finement ponctué vers les
angles postérieurs, les antérieurs très-pointus, élytres
courtes, à séries de gros points peu réguliers.

D'autres, plus oblongues, sont noires ou bronzées,
avec une bordure rouge autour des élytres; les côtés
du corselet sont épais et séparés par une longue im-

pression assez large et ponctuée; *C. sanguinolenta*,
7 à 9 mill., d'un noir assez brillant, faiblement
bleuâtre, corselet court, lisse; impressions latérales
couvertes de très-gros points; élytres à très-gros points
assez irréguliers, avec des rides, une bordure rouge
allant de l'épaule à l'angle sutural. *C. marginalis*,
6 à 8 mill., plus petite, plus étroite, même coloration,
élytres plus longues, à ponctuation plus en ligne; Vosges.
C. limbata, 5 à 7 mill., d'un noir presque mat, bordure des élytres plus large, couvrant toute la base, corselet à impressions latérales profondes à la base, élytres
densément et finement ponctuées, avec des lignes régulières. *C. marginata*, 4 à 6 mill., un peu allongée,
d'un bronzé plus ou moins foncé, bordure des élytres
d'un rouge jaune, corselet très-finement ponctué, élytres
à stries ponctuées, les intervalles presque lisses; dans
les montagnes.

D'autres ont le corps oblong, très-convexe, le corselet
sans sillons latéraux, les élytres à lignes de points assez
régulières et serrées, mais non géminées; elles sont
d'un vert métallique ou doré, ou d'un bleu d'acier.
C. menthastri, 8 mill., d'un beau vert brillant un
peu doré, très-ponctuée, corselet très-rétréci en avant,
avec de gros points sur les côtés; commune dans les
endroits humides, sur les feuilles des menthes. La *C.
graminis*, 7 à 10 mill., lui ressemble beaucoup, mais
elle a des teintes cuivreuses, le corselet est plus convexe,
très-peu rétréci en avant, et est aussi large au milieu
qu'à la base, la ponctuation des élytres est un peu plus
régulière; sur les roseaux. *C. fastuosa*, 4 à 6 mill., l'une
des plus petites, d'un beau bleu verdâtre avec une

large bande cuivreuse sur chaque élytre; corselet peu convexe, peu ponctué sur le disque, à peine rétréci en avant, élytres très-convexes. La *G. violacea*, 6 mill., est entièrement d'un bleu foncé brillant; très-convexe; propre à l'est de la France.

Enfin, chez d'autres, les élytres présentent des lignes ponctuées géminées, c'est-à-dire rapprochées deux par deux : *C. americana*, 6 à 8 mill., ovalaire, très-convexe, d'un vert bronzé avec des bandes étroites, d'un violet cuivreux sur les élytres; corselet lisse, grossement ponctué sur les côtés, élytres à lignes géminées de points serrés, les intervalles lisses; France mér.; commune sur le romarin. La *C. cerealis*, 7 à 8 mill., se rapproche de cette espèce comme coloration; oblongue, cuivreuse, avec une bande bleue sur le milieu du corselet et sur ses bords, et 4 bandes de même couleur sur les élytres, qui sont finement et moins régulièrement ponctuées; corselet finement et densément ponctué, avec une impression aux angles postérieurs; c'est une des plus belles Chrysomèles et assez commune. *C. fucata*, 5 mill., oblongue, peu convexe, d'un bronzé verdâtre, peu brillant en dessus, d'un bleu brillant en dessous; corselet avec une courte strie aux angles postérieurs; élytres ayant chacune 4 rangées géminées de points très-écartés, un peu cuivreux. *C. geminata*, 6 mill., un peu plus ovalaire, d'un beau bleu foncé, médiocrement brillant, à lignes géminées de points assez fins, serrés; corselet semblable.

Quelques *Chrysomela* ont les élytres entièrement rouges : *C. lurida*, 6 mill., brièvement ovalaire, corps noir, brillant, corselet ayant une petite strie aux angles postérieurs; élytres à lignes fortement ponctuées, formant presque des stries assez rapprochées. *G. polita*, 5 à 7 mill., ovalaire, oblongue, d'un vert métallique brillant, un peu doré en dessus, corselet lisse, ayant de chaque côté une longue impression fortement ponctuée, élytres à lignes de points assez fins, serrées, médiocrement régulières. *C. grossa*, 9 à 11 mill., même coloration, mais forme plus large, moins atténuée en avant, corselet large, court, ponctué de même sur les côtés, élytres plus carrées; Fr. mér. *C. diluta*, 5 à 6 mill., presque globuleuse, corselet n'ayant qu'une très-petite strie aux angles postérieurs, élytres à lignes d'assez gros points, les intervalles un peu relevés, disque parfois plus foncé; Fr. mér.

Un autre groupe de *Chrysomela* se compose d'espèces plus oblongues, le corselet est notablement plus étroit que les élytres; sa plus grande largeur est en avant, le corps est moins coriace; ce sont des insectes propres aux parties montagneuses, où on les trouve souvent en familles nombreuses sur les seneçons, les cacalies, les tussilages, etc. La plus belle espèce est la *C. superba*, 8 à 11 mill., d'un vert métallique, les élytres d'un rouge cuivreux, avec la suture en deux bandes d'un beau bleu. *C. senecionis*, 7 à 8 mill., allongée, d'un bleu indigo peu brillant, avec une bande plus foncée sur les élytres. *C. nigriceps*, 8 à 9 mill., allongée, parallèle, d'un rouge brique, avec la tête noire; Pyrénées, Gavarnie.

Les **Lina** sont des Chrysomèles à corps plus oblong, à corselet bien plus petit, plus étroit, à antennes courtes atteignant à peine la base du corselet, grossissant beaucoup vers l'extrémité ; ce dernier article des palpes est moins conique ; presque toutes vivent sur les saules, les aulnes et les peupliers qu'elles dépouillent souvent de leurs feuilles. *L. populi*, 9 à 11 mill., d'un vert métallique très-foncé, élytres d'un beau rouge très-finement et très-densément ponctuées, avec un point noir à l'angle sutural. *L. tremulœ*, plus petite, plus allongée, corselet moins étroit, à impressions latérales plus fortes, élytres plus arrondies à l'extrémité, sans tache. *L. œnea*, 5 à 7 mill., d'un vert métallique, parfois doré ou bleu, élytres ovalaires, rebordées tout autour, finement ponctuées avec des lignes régulières, corselet sans impressions latérales ; sur les aulnes. *L. 20-punctata*, 7 à 8 mill., dessous d'un vert bronzé, dessus d'un jaune paille, tête et disque du corselet bronzés, ainsi qu'une étroite bande suturale ; sur chaque élytre, dix petites taches bronzées; Alpes, Jura.

Les **Gonioctena** diffèrent des genres précédents par les crochets des tarses dentés à la base et par les jambes offrant une large dent pointue au bord externe; le corps est convexe et généralement jaune ou rouge avec des taches noires. On trouve abondamment sur les genêts : *G. litura*, 4 mill., courte, très-convexe, jaune, tantôt sans taches, tantôt à bandes longitudinales noires sur les élytres qui ont de fortes stries ponctuées, assez écartées; *G. spartii*, 6 mill., tantôt jaune, tantôt rouge, soit unicolore, soit tachetée ou linéolée de noir, soit presque entièrement noire, élytres à lignes ponctuées, assez serrées, presque géminées; France mér.

B. Antennes rapprochées à la base, distantes des
yeux.

a. Cuisses postérieures non renflées.

Les **Galeruca** ont le corps oblong ou ovalaire, la
tête courte, les antennes assez fortes, insérées dans des
fossettes placées entre les yeux, rapprochées, le dernier
article des palpes acuminé, le corselet court, les élytres
rebordées, les hanches antérieures contiguës et les crochets des tarses bifides et l'abdomen souvent énorme chez
les femelles ; beaucoup sont aptères. Chez les unes, les
élytres ne dépassent pas le milieu de l'abdomen ; *G. bre-
vipennis*, 5 à 10 mill., d'un noir plombé, les élytres
plates, bordées de jaune, ainsi que le corselet, qui est
angulé sur les côtés ; les mâles sont petits, les femelles
beaucoup plus grandes ; Fr. mér. Chez d'autres, les
élytres sont grandes, fortement ponctuées, les antennes
sont robustes ; *G. tanaceti*, 7 mill., noire, assez brillante, élytres recouvrant complétement l'abdomen des
mâles, mais dépassées chez les femelles par l'abdomen,
qui devient souvent énorme. *G. rustica*, 8 à 10 mill.,
noire, avec le dessus d'un jaune brunâtre, élytres très-
amples, fortement ponctuées, avec des lignes élevées,
fines. *G. interrupta*, 6 à 7 mill., même coloration,
mais plus mate, forme plus étroite, élytres densément
ponctuées, avec des côtes interrompues d'un brun noirâtre, lisses. Toutes ces espèces se trouvent à terre et
même sous des pierres ; les suivantes, à antennes plus
grêles, à ponctuation fine, vivent sur diverses plantes.
G. capreæ et *sanguinea*, 3 à 4 mill., noires en dessous,
d'un roux testacé en dessus, la première à tête noire,

corselet à impressions noires; sur les saules; la deuxième entièrement rouge; sur les aubépines en fleurs. La *G. xanthomelœna*, 6 mill., d'un jaune sale un peu verdâtre, avec des points noirs sur le corselet et une bande noire presque marginale sur chaque élytre; fait quelquefois beaucoup de mal aux ormes. On trouve sur les feuilles des nymphéas ou nénuphars, les *G. nymphœæ*, 6 mill., oblongues, presque parallèles, d'un roux grisâtre, à pubescence soyeuse fine et serrée, corselet hexagonal, ayant sur le dos plusieurs fossettes avec des taches noirâtres; sur chaque élytre une bande noirâtre partant de l'épaule, s'effaçant après le milieu. *G. calmariensis*, 4 mill., plus ovalaire, d'un roussâtre plus clair; corselet plus fortement impressionné, élytres ayant à chaque épaule une bande rembrunie plus ou moins courte.

Le g. **Malacosoma** se distingue des genres voisins par un corps très-convexe, presque parallèle, les antennes sont assez robustes et atteignent les 3/4 de la longueur du corps, la tête présente un fort sillon transversal au-dessus des yeux, le chaperon est relevé en bourrelet au-dessus de l'épistôme; le corselet très-uni et notablement plus étroit que les élytres; ces dernières sont arrondies à l'extrémité, lisses, avec les épaules relevées et le bord réfléchi rapidement et effacé; les hanches antérieures sont presque contiguës; les pattes postérieures sont sensiblement plus longues que les autres, les crochets des tarses sont lobés à la base. La seule espèce qui représente ce genre dans notre pays, *M. lusitanica*, 6 à 9 mill., est d'un beau jaune d'ocre brillant, avec la poitrine, le corselet et les antennes

noirs, les cuisses rembrunies; le corselet est transversal,
avec les angles postérieurs arrondis, les élytres sont
très-finement ponctuées ; France méridionale, sur les
chardons, reste immobile.

Les **Agelastica** sont aussi convexes, mais plus
ovalaires, élargis et arrondis en arrière, les cavités an-
tennaires sont séparées par un sillon longitudinal, les
antennes ne dépassent pas le milieu du corps, le corselet
est court, notablement plus étroit que les élytres, un
peu rétréci en avant et en arrière, avec quelques impressions assez profondes ; les élytres sont nettement rebordées jusqu'à l'extrémité, le 3e article des tarses est
beaucoup plus large que le 2e, les crochets sont fortement lobés. A. alni, 6 mill., entièrement d'un bleu
d'acier brillant, élytres très-finement et densément
ponctuées ; très-commun sur les aulnes, que cet insecte
dépouille parfois presque entièrement de leurs feuilles.
A. halensis, 4 à 5 mill., d'un roux fauve, avec les antennes brunes, le sommet de la tête et les élytres d'un
vert métallique parfois bleuâtre.

Les **Luperus** forment un genre nombreux et remarquable par la mollesse des téguments ainsi que par
la longueur des antennes; le bord antérieur de la tête est
relevé au-dessus de l'épistôme et se prolonge en-dessus
entre les antennes ; ces dernières sont grêles, souvent
aussi longues, parfois même plus longues que le corps,
chez mâles; le corselet est plus étroit que les élytres, arrondi généralement sur les côtés, avec les angles postérieurs formant une très-petite dent, rarement arrondi;
les crochets des tarses sont munis à la base d'une dent
aiguë. Bien que vivant sur des plantes assez variées,

ces insectes semblent préférer les aulnes et les saules ;
ils sont plus nombreux vers le Nord et dans les régions
montagneuses.

Les uns ont les 2e et 3e articles des antennes à peu
près égaux ; *L. circumfusus*, 2 1/2 mill., d'un noir
brillant avec la moitié antérieure du corselet, les élytres,
sauf la suture et une étroite bande marginale et les
jambes, d'un jaune très-clair, antennes roussâtres à la
base ; antennes un peu plus longues que le corps chez
les mâles ; très-commun sur les genêts.

Chez les autres, le 2e article des antennes est plus
court que le 3e. *L. pyrenæus*, 2 à 3 mill., d'un roux
testacé, avec les élytres d'un vert un peu métallique, la
tête noire, les antennes brunes, avec la base testacée,
élytres finement ponctuées ; commun dans les Pyrénées
et les Alpes. *L. flavipes*, 3 à 4 mill., noir, brillant, base
des antennes, corselet et pattes d'un jaune testacé, élytres
finement ponctuées ; mâles avec les antennes beaucoup
plus longues que le corps et les yeux très-gros, saillants ;
commun sur les aulnes. *L. rufipes*, 4 à 5 mill., entièrement noir en dessus, base des antennes et pattes d'un
roux testacé ; corselet ayant les angles un peu marqués ;
élytres à ponctuation extrêmement fine, nulle vers la
suture ; très-commun.

b. Cuisses postérieures renflées, propres au saut.

Les insectes de ce groupe, presque tous de très-petite
taille, sont remarquables par la faculté qu'ils ont de
sauter au moyen de leurs cuisses postérieures, ce qui
leur fait souvent donner le nom de Puces de terre.

8

Leurs larves vivent en mineuses dans le parenchyme des feuilles.

Le g. **Haltica** ou Altise a le corps ovalaire ou oblong, les jambes intermédiaires simples, les postérieures non sillonnées, terminées par un petit éperon, avec le 1er article des tarses plus court que la moitié de la jambe; les tarses sont insérés à l'extrémité des jambes; la tête est souvent carénée entre les antennes, qui sont très-rapprochées, et présente souvent entre les yeux de petites élévations déterminées par des sillons plus ou moins marqués; le corselet est ordinairement plus étroit que les élytres et souvent impressionné; les élytres sont tantôt couvertes d'une ponctuation irrégulière, tantôt assez régulièrement striées ponctuées; les antennes sont grêles et assez longues. Tous ces insectes vivent sur des végétaux très-variés et causent souvent par leurs masses des ravages sérieux à certaines cultures. Leurs espèces sont nombreuses et souvent bien difficiles à déterminer; la connaissance des plantes qui les nourrissent facilite beaucoup cette étude. Les unes entièrement d'un bleu foncé ou un peu verdâtre; les plus grandes du genre présentent sur le corselet une impression transversale non limitée en dehors par un sillon longitudinal; leur corselet est notablement plus étroit que les élytres qui sont amples, un peu élargies et arrondies en arrière, avec une ponctuation fine et serrée. *H. erucœ*, 4 mill., d'un bleu faiblement verdâtre, corselet lisse, ayant avant le milieu un sillon transversal atteignant presque les bords latéraux; élytres à ponctuation très-fine, ayant un gros pli le long du bord externe; sur les chênes. *H. coryli*, 4 mill., d'un bleu verdâtre très-brillant, élytres plus arrondies et arrière très-finement ponctuées, avec de faibles vestiges de côtes; sur les noisetiers. *H. oleracea*, 3 à 3 1/2 mill., d'un bleu faiblement verdâtre, élytres plus fortement et plus densément ponctuées; trop commune dans nos potagers, sur plusieurs légumes; de la famille des crucifères; quelquefois très-nuisible à la vigne. *H. hippophaes*, 4 1/2 mill., d'un bleu foncé, médiocrement brillant, corselet presque anguleusement arrondi sur les côtés, élytres à ponctuation à peine distincte; très-commune sur l'*hippophae rhamnoïdes*, au bord des torrents, dans les montagnes.

Chez d'autres, le corselet présente également en arrière un sillon transversal profond, mais limité de chaque côté par un sillon longitudinal court; le bord latéral forme une dent obtuse près des angles antérieurs, les élytres ont des lignes ponctuées régulières, formant presque des stries. *H. lineata*, 4 mill., d'un jaune roussâtre, avec quelques taches rougeâtres sur le corselet, élytres avec quelques linéoles brunes courtes, suture rougeâtre, corselet ponctué, élytres à stries peu profondes, mais grossement ponctuées; Fr. mér. *H. impressa*, 4 mill., entièrement d'un testacé rougeâtre brillant, élytres à lignes de points serrés réguliers à la base, mais confuses et effacées en arrière; moins commune. *H. ferruginea*, 2 1/2 à 3 mill., même coloration, élytres à stries régulièrement ponctuées, ne s'effaçant qu'à l'extrémité même; très-commune partout. *H. rufipes*, 3 mill., d'un roux jaunâtre, yeux, poitrine et abdomen noirs, élytres bleues ou vertes, les stries atteignant l'extrémité, corselet lisse; assez communs. *H. helxines*, 3 à 4 mill., d'un vert doré métallique très-brillant, souvent avec le corselet doré, base des antennes rousse, corselet ponctué, élytres à stries ponctuées, profondes, régulières, la suturale courte; très-commune sur les saules, les aulnes, etc. *H. Modeeri*, 2 mill., brièvement ovalaire, d'un bronzé foncé, très-brillant, avec une large tache jaune à l'extrémité des élytres, pattes et base des antennes rousses, corselet très-finement ponctué, à impression transversale peu marquée, les latérales profondes; terrains sablonneux. *H. pubescens*, 2 mill., pubescente, d'un noir brillant, base des antennes et pattes d'un jaune roussâtre, corselet densément et fortement ponctué, élytres à stries larges, profondes, ponctuées, les intervalles assez étroits, quelquefois l'extrémité et même les épaules roussâtres.

D'autres ont le corselet sans impression transversale, mais offrant de chaque côté un court sillon, les côtés sont arrondis, la tête a le front large, impressionné entre les yeux, les élytres sont arrondies postérieurement, à ponctuation confuse, formant souvent à la base des lignes plus ou moins régulières; leur coloration est uniforme, la tête et le corselet sont d'un testacé rougeâtre, les élytres d'un bleu d'acier ou d'un bleu verdâtre ou bronzé.

Toutes ces espèces vivent sur des plantes de la famille des Malvacées. *H. fuscipes*, 2 1/2 à 3 mill., noire, élytres bleues ou d'un bleu vert, base des antennes rousse, élytres finement striées, ponctuées à la base. *H. malvœ*, 3 mill., même coloration, écusson et abdomen seulement noirs, élytres d'un bleu vert ou d'un vert bronzé, à stries ponctuées, pattes rousses, les cuisses postérieures parfois noirâtres ; commun sur diverses mauves. *H. fuscicornis*, 3 à 4 mill., noire, corselet, tête, antennes et pattes roux, élytres bleues, à ponctuation irrégulière ; sur les *Althœa*.

Dans un autre groupe, le corselet présente encore les stries ou impressions latérales, mais il est ponctué sur les côtés ; le corps est elliptique, presque parallèle, assez déprimé ; la tête est courte et large, les élytres ne sont pas plus larges à la base que le corselet ; elles ont des stries ponctuées régulières et entières ; les pattes postérieures sont assez courtes, les jambes sont presque droites, le 1er article des tarses est égal au tiers de la jambe. *H. rustica*, 2 à 3 mill., d'un noir bronzé ou bleuâtre, souvent verdâtre, base des antennes et pattes rousses ; corselet ponctué, élytres à stries ponctuées régulières, leur extrémité rousse ; dans les terrains secs, se prend souvent, après la pluie, dans les ornières des chemins.

Enfin, dans un groupe très-nombreux, le corselet ne présente aucune strie ni impression ; la tête est assez petite, le front forme, entre les antennes, une carène saillante, bifurquée au-dessus de l'épistôme, les antennes sont grêles, le 2e article est ordinairement un peu plus long que le 3e ; les 4e, 5e ou 6e sont parfois dilatés chez les mâles, l'écusson est assez large, les élytres sont à ponctuation confuse, rarement en lignes, les jambes postérieures ont en dehors, à l'extrémité, un court sillon, le 3e article des tarses est bilobé. *H. antennata*, 2 mill., allongé, noire au-dessous, d'un noir bronzé au-dessus, base des antennes roussâtre ; élytres assez densément ponctuées ; 4e article des

antennes fortement dilaté chez les mâles; au printemps,
sur les résédas sauvages. *H. nemorum*, 2 mill., noire
avec un reflet verdâtre, base des antennes, jambes et
tarses roux; dessus assez densément et peu régulièrement ponctué, élytres elliptiques notablement plus
larges que le corselet, ayant de chaque côté sur le
disque une bande large d'un jaune soufre, qui se re-
courbe un peu en dedans à l'extrémité. *H. parallela*,
1 3/4 mill., étroite, noire, finement ponctuée, brillante,
élytres ayant chacune une large bande d'un jaune pâle
qui atteint presque le bord externe, en laissant une
tache humérale noire; Fr. mér. *H. brassicœ*, 1 1/2 mill.,
ovalaire, convexe, d'un noir faiblement bronzé, assez
brillant, à ponctuation très-fine sur le corselet, assez
forte sur les élytres qui ont chacune une bande rousse
fortement étranglée au milieu et formant souvent
2 taches; jambes et antennes rousses; ces dernières
renflées à l'extrémité; sur les choux.

Un dernier groupe ne se distingue guère du précédent que par les jambes postérieures largement, mais
faiblement, canaliculées vers l'extrémité, et le 3ᵉ article
des tarses seulement sinué à l'extrémité, au lieu d'être
bilobé; le corps est aussi plus convexe et plus généralement ovalaire. Le sillon des jambes rapproche ce
groupe des *Longitarsus*, mais ce sillon n'est jamais
aussi long ni aussi profond et ne saurait recevoir le
tarse, dont le 1ᵉʳ article est bien plus court que la
moitié de la jambe. *H. lœvigata*, 2 1/2 mill., oblongue
ovalaire, d'un beau jaune un peu ochracé brillant, avec
l'extrémité des antennes noires, élytres à ponctuation à
peine marquée; Fr. mér. *H. pseudocori*, 2 à 3 mill.,

ovalaire, d'un bleu d'acier brillant, pattes et base des antennes rousses, cuisses postérieures bronzées en grande partie, corselet lisse, élytres finement et densément ponctuées ; commune sur les plantes aquatiques. A. *herbigrada*, 1 3/4 mill., ovale, très-convexe, d'un bronzé verdâtre ou un peu bleuâtre, très-brillant, pattes et base des antennes rousses, corselet lisse, élytres densément et fortement ponctuées.

Les **Longitarsus** diffèrent des *Haltica* par la forme des jambes postérieures qui sont sillonnées de manière à pouvoir recevoir le tarse, qui est au moins aussi long que la moitié de la jambe ; en outre, leur bord externe est finement denticulé et le bord interne est presque élargi en cuillère à l'extrémité ; le corselet est convexe, sans impression, presque aussi large que les élytres ; ces dernières sont à ponctuation le plus souvent irrégulière, rarement en lignes, le prosternum est étroit ; les crochets des tarses sont à peine angulés à la base. Ce genre est très-nombreux en espèces, fort difficile souvent à distinguer à cause de leur sculpture et de leur coloration peu variée et pourtant variable. L. *verbasci*, 3 à 3 1/2 mill., ovalaire, un peu atténué en avant, très-convexe, d'un fauve pâle brillant, avec l'extrémité des antennes brune, élytres finement ponctuées, ayant parfois la suture et une bande marginale brunes ; commun sur le bouillon blanc. L. *tabidus*, 3 mill., oblong ovalaire, d'un fauve pâle, bouche, extrémité des antennes et yeux noirs, dessous et cuisses postérieures généralement d'un roussâtre obscur, corselet très-brillant, à ponctuation excessivement fine, élytres finement, mais densément et nettement ponctuées. *L. melanocephalus*, 2 mill., ovalaire, tête, extrémité des antennes, yeux, dessous du corps et cuisses noirs, corselet d'un roussâtre obscur à peine ponctué, élytres d'un brun foncé, finement et densément ponctuées. *L. femoralis*, 2 1/2 à 3 mill., oblong ovalaire, aptère, finement ponctué, élytres d'un fauve pâle, tête, corselet et suture des élytres d'un roux brunâtre, pattes et antennes fauves, bouche et cuisses postérieures noires, dessous du corps brunâtre, élytres un peu élargies à l'extrémité. *L. atricillus*, 2 mill., dessous du corps d'un brun foncé, ainsi que la tête, corselet d'un fauve foncé, élytres ovalaires d'un jaune roussâtre pâle, leur suture noire, pattes fauves, à l'exception des cuisses postérieures qui sont noires. *L. Linnœi*, 3 1/4 mill., ovalaire, noir en dessous, d'un bleu d'acier brillant en dessus, souvent avec un reflet verdâtre, pattes et antennes rousses, extrémité de ces dernières noirâtre comme les cuisses postérieures, corselet plus finement ponctué que les élytres; ces dernières, ovalaires, arrondies à l'extrémité, beaucoup plus larges que le corselet, à ponctuation profonde et égale. *L. echii*, 3 1/2 mill., coloration de la précédente, variant au brun bronzé, base des antennes et jambes fauves, élytres elliptiques deux fois aussi longues que larges, bord latéral fortement sinué après le milieu, ponctuation profonde et égale; sur la vipérine.

Les **Psylliodes** ont, au premier abord, beaucoup d'analogie avec les *Plectroscelis*, mais ils en diffèrent essentiellement par les antennes de 10 articles seulement et par la forme des pattes postérieures dont le tarse est inséré avant l'extrémité de la jambe, qui est sillonnée et se prolonge, après l'insertion du tarse, en une sorte de cuillère étroite, dont les bords sont finement dentés ; le 1er article du tarse est presque aussi long que la moitié de la jambe ; le corselet est très-convexe, atténué en avant, marqué à la base de 2 ou 4 impressions ; les élytres ont des stries ponctuées régulières. Ces insectes paraissent affectionner les solanées, les carduacées et surtout les crucifères ; quelques-uns font des ravages dans les cultures de colza. *P. chrysocephala*, 3 mill., elliptique, très-convexe, d'un vert bronzé brillant, avec les pattes, sauf les cuisses postérieures, et la moitié des antennes rousses, ainsi que le devant de la tête ; corselet très-finement ponctué ; élytres à stries ponctuées bien marquées, les intervalles à ponctuation excessivement fine ; sur les crucifères et surtout les colzas. On trouve avec cette espèce, dans le nord de la France : *P. nigricollis*, même taille, d'un noir faiblement bronzé, avec la moitié des antennes, la bouche, les pattes et les élytres rousses. *P. hyoscyami*, 3 mill., ovalaire, d'un vert bronzé assez brillant, parfois un peu cuivreux ; pattes, sauf les cuisses postérieures, et moitié des antennes rousses ; corselet assez fortement ponctué ; élytres très-convexes, à stries ponctuées, les intervalles finement ponctués ; commun sur la jusquiame. *P. attenuata*, 2 mill., elliptique, d'un vert plus ou moins bronzé brillant, antennes et pattes, sauf les cuisses postérieures, rousses ; corselet très-finement ponctué ; élytres à stries ponctuées, bien marquées, intervalles finement mais visiblement et densément ponctués ; sur les pariétaires. *P. affinis*, 2 1/2 mill., assez brièvement ovalaire, entièrement d'un roux testacé, avec la suture

étroitement rembrunie ; tête noire, corselet indistinctement ponctué, élytres à stries assez fines très-ponctuées.
P. pallidipennis, 2 1/2 à 3 mill., ovalaire-elliptique,
d'un roux assez pâle, brillant, avec une légère teinte
bronzée sur le corselet, plus foncée sur la tête; cuisses
postérieures bronzées ; corselet à ponctuation indis-
tincte ; élytres à stries fines et finement ponctuées; sur
les herbes, au bord de la mer ; Fr. mér.

Les **Sphœroderma** et les **Argopus** se distinguent des autres Altises par leur forme presque
hémisphérique et très-convexe; leur coloration est d'un
rouge brique brillant, uniforme ; leurs antennes sont
assez écartées ; leur prosternum et leur mésosternum
sont assez larges. Ces insectes semblent vivre de pré-
férence sur les chardons; ils sautent moins bien que
leurs congénères. Les premiers ont l'épistôme entier
plan, le labre profondément échancré, cilié, les antennes grossissant un peu vers l'extrémité, les jambes
sont un peu arquées à la base, s'élargissent un peu vers
l'extrémité, les postérieures ne sont pas sillonnées.
S. testacea, 3 mill., presque lisse, corselet indistinctement ponctué, bord postérieur un peu lobé au milieu,
élytres à lignes fines, nombreuses, de points très-petits
et serrés; commun partout. *S. testacea*, 3 1/2 mill.,
plus ovalaires, corselet plus distinctement ponctué,
élytres à ponctuation plus irrégulière et encore plus
fine.

Les **Argopus** ont l'épistôme fortement bilobé avec
les lobes épais et saillants, le labre coupé presque
droit, les jambes sont épaisses, tronquées obliquement
à l'extrémité, les postérieures et les intermédiaires sont

sillonnées largement et assez profondément en dehors; les tarses sont plus larges. *A. hemisphæricus*, 4 1/2 mill., semi-globuleux, corselet notablement plus étroit que les élytres, distinctement ponctué, ces dernières à ponctuation irrégulière bien visible; peu commun.

Les **Plectroscelis** diffèrent des genres précédents par la conformation de l'abdomen dont les deux premiers segments sont soudés; leur corps est ovalaire ou oblong ovalaire, leur corselet, toujours ponctué, présente ordinairement de chaque côté, à la base, une courte strie; les élytres ont des stries ponctuées, parfois confuses sur la partie dorsale, les jambes intermédiaires et postérieures sont élargies extérieurement en une saillie triangulaire obtuse, les postérieures sont creusées, après cette saillie, d'un profond sillon bordé de cils serrés; le 1er article des tarses postérieurs n'est pas plus long que le 1/4 de la jambe; malgré le sillon, les tarses postérieurs ne peuvent s'accoler à la jambe et forment avec elle un angle plus ou moins aigu. *P. chlorophana*, 3 mill., un peu allongé, d'un vert métallique brillant, parfois bleuâtre ou doré, base des antennes, des jambes et tarses rousse, corselet densément et fortement ponctué, élytres à stries régulières fortement ponctuées; dans les endroits arides, sur les graminées. *P. concinna*, 2 mill., oblongue ovalaire, bronzée avec le corselet plus foncé, base des antennes roussâtre, ainsi que les jambes qui sont rembrunies à l'extrémité. *P. procerula*, 2 mill., allongé, d'un bronzé peu brillant, avec les élytres un peu bleuâtres; tête large, corselet peu atténué en avant, arrondi sur les côtés, finement ponctué ; élytres à stries ponctuées bien marquées, régulières; Fr. mér. *P. aridula*, 2 1/4 mill.; oblongue ovalaire, d'un bronzé assez brillant, jambes, tarses et base des antennes roussâtres, corselet assez rétréci en avant, finement et densément ponctué, élytres à ponctuation bien marquée, confuse à la base, formant presque des stries en arrière. *P. Mannerheimii*, 2 1/2 mill., oblongue un peu ovalaire, d'un vert plus ou moins bleuâtre, assez brillant, jambes, tarses et base des antennes roussâtres, corselet peu atténué en avant, à ponctuation excessivement fine ; élytres à ponctuation bien marquée, formant presque des stries, mais irrégulière tout-à-fait à la base.

Dans les genres qui précèdent, le mésosternum est toujours visible ; les **Apteropeda**, au contraire, ont le mésosternum caché par le prosternum et le métasternum qui sont larges et se touchent ; le corps est subglobuleux, d'un bronzé brillant, la tête est très-inclinée en dessous, à peine ou non visible dessus, les antennes sont assez fortes, le corselet est presque conique avec les bords latéraux épaissis, formant en avant une petite saillie, les élytres ont des lignes ponctuées plutôt que des stries. Ces insectes vivent dans les bois, les haies, les localités un peu humides ; ils sont aptères; chez les uns, les antennes sont très-rapprochées à la base, le corselet n'a pas de strie à la base et les jambes postérieures sont dentelées et ciliées : *A. splendida*, 2 mill., ovalaire, très-couvert, d'un noir bronzé très-brillant, antennes et pattes rousses, corselet lisse, élytres obtuses à l'extrémité, à stries peu profondes, mais grossement ponctuées ; dans les mousses, dans les contrées monta-

gneuses. *A graminis*, 2 1/3 mill., courte, d'un bronzé
très-brillant, moitié basilaire des antennes, jambes et
tarses roussâtres, corselet finement et densément ponctué,
élytres à stries assez finement ponctuées, les intervalles
très-finement réticulés.

IIe DIVISION. — *Front brusquement renversé en dessous; antennes contiguës insérées au sommet du
front ou entre les yeux; dernier article des tarses
engagé dans l'avant-dernier. Corps épineux ou
largement dilaté tout autour.*

Les **Hispa** sont couverts d'épines, leur tête est
dégagée du corselet, les antennes sont insérées entre
les yeux, le corselet est plus étroit que les élytres qui
sont un peu élargies en arrière et fortement ponctuées
en lignes. *H. atra*, 3 mill., tout noir. *H. testacea*, 4 à
5 mill., entièrement roussâtre avec les épines noires!
Fr. mér., sur les cistes, dont la larve mine les feuilles.

Les **Cassida** ressemblent à de petites tortues, leur
corselet et leurs élytres sont dilatés en expansions
membraneuses qui recouvrent tout le corps, y compris
la tête; les antennes sont insérées au sommet du front,
assez courtes et grossissant un peu vers l'extrémité; les
pattes sont assez courtes et assez robustes, le dessous
du corps est très-plat et les bords sont amincis, tranchants. Ces insectes vivent sur diverses plantes, dont
leurs larves rongent les feuilles, et sont souvent, à l'état
vivant, ornés de bandes dorées et de teintes opalines
ou argentées qui disparaissent assez promptement.
C. nobilis, 5 mill., oblongue, un peu ovalaire, un peu
comprimée, latéralement très-convexe, d'un vert gai à

l'état vivant, avec une bande dorée sur chaque élytre, mais d'un fauve plus ou moins rougeâtre; après la mort, poitrine et milieu de l'abdomen noirs. *C. equestris,* 8 à 9 mill., en ovale court, d'un vert pâle, dessous noir avec le tour jaune, élytres très-convexes vers l'écusson, un peu plus larges à la base que le corselet. *C. murrea,* 7 mill., presque également arrondie aux deux extrémités, verte ou rouge, avec des taches noires sur la suture et les côtés des élytres ; dessous et pattes entièrement noirs; élytres à stries ponctuées, assez bien marquées. *C. vibex,* 6 mill., courte, convexe, d'un roussâtre peu brillant, avec la suture brune, dessous noir, jambes et tarses jaunes, corselet aussi large que les élytres; celles-ci à lignes ponctuées formant presque des stries vers la suture. *C. thoracica,* 4 à 5 mill., ovalaire, courte, corselet aussi large que les élytres, roux, avec la base d'un brun rougeâtre, fortement ponctué, élytres vertes, avec une tache scutellaire brune, large, s'étendant sur la suture, à lignes de gros points formant presque des stries ; dessous et base des cuisses noirs; abdomen étroitement marginé de roux. Fr. centr. et méridionale. *C. margaritacea,* 3 mill., presque hémisphérique, d'un vert tendre, à reflet doré ou opalin, devenant roussâtre après la mort. *C. nebulosa,* 6 mill., courte, assez convexe, arrondie en avant et en arrière, d'un vert tendre ou rougeâtre, pointillée de noir, dessous noir, tour de l'abdomen et pattes rougeâtres; élytres à peine plus larges que le corselet, à lignes de très-gros points presque transversaux. *C. ferruginea,* 4 1/2 mill., même forme, plus convexe, d'un testacé un peu rougeâtre, dessous noir, sauf le tour de l'abdomen; élytres à lignes de gros points plus ou moins régulières et ayant chacune, outre la suture, 3 côtes bien marquées, plus 2 latérales moins régulières. *C. meridionalis*, 4 1/2 mill., plus oblongue que la précédente, plus brillante; abdomen noir, sauf l'extrémité, élytres à peine plus larges que le corselet, à lignes de points assez fins et ayant chacune, outre la suture, 4 côtes bien marquées; dessus parfois d'un brun rougeâtre; Fr. mér. *C. hemisphœrica*, 4 mill., presque arrondie, d'un vert gai passant facilement au roussâtre, corselet lisse, aussi large que les élytres; celles-ci couvertes de points assez gros et serrés, sans traces de côtes; dessous d'un jaune roussâtre, poitrine et base de l'abdomen noires.

FAMILLE DES EROTYLIDES.

Ces insectes ressemblent beaucoup aux *Cryptophagus*, leur corps est oblong, assez convexe, leurs antennes, de 11 articles, sont terminées par une massue comprimée de 3 articles et sont insérées en avant des yeux, les élytres recouvrent complètement l'abdomen, le prosternum et le mésosternum sont larges; les tarses sont épais, composés en apparence de 4 articles, mais en réalité de 5, le 4e souvent peu visible et parfois nodiforme. Ces insectes vivent exclusivement dans les champignons ou autres productions cryptogamiques.

Les **Triplax** ont le corps oblong, parfois ovalaire, médiocrement convexe, très-lisse, la tête, en forme de museau obtus, est unie, assez large, enfoncée presque jusqu'aux yeux, qui sont globuleux; les mandibules sont cachées par le labre, le dernier article des palpes maxillaires est très-grand, cupuliforme; les antennes sont assez courtes, assez épaisses, le corselet est trapézoïdal, finement rebordé, l'écusson est large, presque pentagonal, les élytres ont de faibles stries ponctuées, les pattes sont assez courtes, le 4e article des tarses est à peine distinct et est reçu dans une échancrure du 3e. Les uns ont le corps oblong ou oblong ovalaire; *T. rustica*, 6 mill., oblong, brillant, un peu allongé, élytres, poitrine, antennes et écusson noirs, corselet et abdomen d'un roux testacé; commun. *T. ruficollis*, 3 à 5 mill., plus parallèle, même coloration, sauf la tête qui est rouge; France méridionale. *T. collaris*, 5 mill., parallèle, même coloration, mais tête noire, antennes courtes, épaisses, à articles transversaux; France méridionale. *T. bicolor*, 6 mill., oblong ovalaire, entièrement d'un jaune roux, brillant, avec les élytres noires, antennes grêles, jaunes à la base. *T. rufipes*, 4 mill., même forme, même coloration, mais abdomen noir, élytres à stries à peine distinctes, avec les intervalles à ponctuation excessivement fines.

Les autres sont brièvement ovalaires et très-convexes, avec le prosternum très-large : *T. bipustulata*, 4 mill., entièrement d'un noir très-brillant, sur chaque épaule une grande tache rouge qui, parfois, recouvre toute la base de l'élytre, corselet fortement rétréci en avant, finement ponctué, élytres à fines stries finement ponctuées.

Les **Engis** ont le corps oblong, assez convexe, les mandibules sont visibles en-dessus, le dernier article des palpes maxillaires est presque aussi long que les 3 précédents, ovoïde, atténué à l'extrémité, les antennes sont plus courtes, plus grêles, le corselet est à peine atténué en avant, l'écusson est court, transversal, les élytres sont arrondies à l'extrémité, non striées; le 1er et le 5e segments de l'abdomen sont plus grands que les autres, les pattes sont courtes, comprimées; le 4e article des tarses est seulement un peu plus court que le 3e; le 8e est allongé.

Comme les *Triplax*, les *Engis* vivent dans les productions cryptogamiques, mais surtout dans les bolets ligneux qui se développent sur les vieilles souches et sous les écorces. *E. humeralis*, 3 mill., tête, corselet, un point sur chaque épaule, antennes et pattes d'un roux testacé; tout le corps très-finement et densément ponctué; les 4 premiers articles des tarses de grandeur égale; très-commun. *E. bipustulata*, 3 mill., noir, brillant, une grande tache sur chaque épaule, antennes et pattes d'un roux testacé. *E. rufifrons*, 3 mill., noir, brillant, une petite tache humérale, tête, antennes et pattes d'un roux testacé.

FAMILLE DES ENDOMYCHIDES.

Les insectes, bien peu nombreux, qui composent cette famille, sont, comme ceux de la famille précédente, habitants exclusifs des champignons; ils en diffèrent par les tarses de 3 articles, le 3e n'ayant à la base qu'un très-petit noule à peine distinct; leur corps est oblong, assez convexe, lisse; la tête est en forme de museau, enchâssée dans le corselet, le dernier article des palpes maxillaires est ovoïde et tronqué obliquement; les antennes sont robustes, de 11 articles, insérées en avant des yeux, l'écusson est visible, le corselet est fortement sillonné de chaque côté vers la base; les élytres n'ont qu'une strie suturale; elles sont atténuées en arrière, le 1er segment de l'abdomen est très-grand, les pattes sont assez grandes et non rétractiles, et les crochets des tarses sont toujours simples.

Les **Lycoperdina** ont le corps oblong, assez épais, la tête est sillonnée au milieu, les antennes sont insérées sur un tubercule; les derniers articles grossissent à peine en s'allongeant un peu, le corselet est élargi en avant, très-convexe au milieu, aplani de chaque côté; il présente en arrière 2 sillons profonds qui s'arrêtent au milieu, les élytres sont ovalaires, parfois déprimées sur la suture; les pattes sont grandes, les cuisses robustes, les jambes arquées. Ces insectes,

de forme élégante, vivent dans les lycoperdons ou
vesses-de-loup ; rarement on les trouve dans d'autres
champignons. Chez les uns, les hanches antérieures
sont contiguës. *L. bovistæ*, 5 mill., d'un noir et d'un
brun foncé brillant; antennes d'un brun roussâtre.
robustes, aussi longues que la moitié du corps, corselet
élargi en avant, les côtés non sinués, suture assez fortement déprimée, ayant une strie suturale bien marquée
qui, à sa base, se prolonge jusqu'à l'épaule; pattes d'un
brun rougeâtre, extrémité des élytres parfois de cette
couleur; assez commune en automne. *L. succincta*,
même taille, mais un peu plus large, d'un rougeâtre
testacé assez brillant, avec une grande tache noire qui
occupe tout le milieu des élytres; côtés du corselet
sinués en arrière, une strie parallèle au bord postérieur,
élytres finement ponctuées, non déprimées sur la
suture, strie suturale peu marquée, jambes antérieures
munies d'une dent chez les mâles.

Chez les autres, les hanches antérieures sont écartées.
L. cruciata, 4 à 5 mill., d'un rouge orangé très-brillant, avec une grande croix sur les élytres et la poitrine
noires; élytres finement ponctuées, corselet court, ayant
à sa base un profond sillon transversal, les latéraux
peu marqués; antennes robustes; peu commune, dans
les Alpes, les Pyrénées.

Les **Endomychus** sont de charmants insectes re-
présentés par une seule espèce dans notre pays; leur
tête, assez petite, est enchâssée dans le corselet; le
4e article des palpes maxillaires est obtusément tronqué
et un peu sécuriforme; les antennes, qui atteignent le
milieu du corps, sont terminées par une massue oblongue,

comprimée, de 3 articles; le corselet, un peu plus étroit
que les élytres, est trapézoïdal, légèrement rétréci en
avant, largement échancré en avant; les côtés sont fortement rebordés; le 1er segment de l'abdomen est aussi
long que les suivants réunis. Les *Endomychus* vivent
dans les champignons semi-ligneux qui se développent
sur les vieux arbres et sous les écorces. *E. coccineus,*
5 à 6 mill., d'un rouge cocciné très-brillant, disque du
corselet, deux grandes taches noires sur chaque élytre,
tête, antennes et côtes de la poitrine noirs, pattes brunes,
corselet rétréci en avant, trapézoïdal, angles postérieurs
aigus.

Le g. **Dapsa** se rapproche des véritables Lycoper-
dines par les hanches antérieures contiguës, non séparées
par le prosternum; il en diffère par la forme du corselet
qui est angulé au milieu des côtés, avec les angles antérieurs plus ou moins saillants; les antennes sont aussi
longues que la moitié du corps et un peu épaissies à
l'extrémité, les élytres sont ovalaires, l'écusson est en
triangle obtus, les crochets des tarses sont simples.
D. trimaculata, 4 mill., ovalaire, atténuée en avant,
convexe, fortement et assez densément ponctuée, pubescente, d'un roux plus ou moins foncé, avec une bande
courte sur la suture et une autre sur chaque élytre,
d'un brun foncé, quelquefois peu marquées; Fr. mér.,
sous les détritus végétaux.

FAMILLE DES COCCINELLIDES.

Le corps de tous ces insectes est hémisphérique, rarement ovalaire, plat en dessous, plus ou moins convexe
en dessus, la tête est courte, presque toujours enchâssée
dans une large échancrure du corselet; le dernier article
des palpes maxillaires est très-grand, en forme de hache,
de triangle, parfois coupé obliquement; les antennes
ont presque toujours 11 articles, les 3 ou 4 derniers
formant une massue comprimée ou fusiforme; elles sont
courtes et peuvent se retirer sous les côtés du corselet;
ce dernier est transversal, très-déclive sur les côtés qui
presque toujours convergent fortement en avant, l'é-
cusson est petit, parfois presque indistinct, les élytres
ne sont pas striées, le prosternum est large, le 1er segment de l'abdomen est grand, les autres diminuent peu
à peu de longueur; les pattes sont courtes, comprimées,
rétractiles et ne dépassent guère le bord externe des
élytres qui est souvent sinué à l'endroit en contact avec
les pattes; les tarses sont composés seulement de 3 articles garnis en dessous de brosses soyeuses; les crochets
sont presque toujours dentés ou bifides.

Ces insectes sont bien connus sous le nom de *Bêtes
du bon Dieu;* leur taille est toujours médiocre et souvent
assez petite; ils vivent au moins à l'état de larves, aux
dépens des Pucerons dont ils font un grand ravage;

beaucoup présentent sur le dessous du 1er segment de l'abdomen, de chaque côté et même quelquefois sur le métasternum, une petite ligne saillante ou relief en forme d'arc plus ou moins régulier qui est caractéristique pour la distinction de certains genres.

I. Corps lisse, sans pubescence évidente.

A. Antennes insérées à découvert; massue des antennes comprimée.

Les **Hippodamia** ont le corps oblong, ovalaire, peu convexe, un peu élargi en arrière; la tête est saillante, dégagée du corselet dont le bord antérieur est à peine entaillé; les élytres sont ovalaires, plus larges à la base que le corselet, rebordées latéralement, un peu acuminées à l'extrémité, le prosternum est assez large; les pattes sont assez grandes, peu contractiles, les 2 premiers segments de l'abdomen sont plus longs que les autres. Les *Hippodamia* vivent sur les plantes aquatiques; elles diffèrent des autres Coccinellides non seulement par la forme des pattes et du corselet, mais par leurs mœurs; quand on les saisit, elles cherchent à se sauver et non à contrefaire le mort. *H. tredecim-punctata*, 5 mill., noire, bords latéraux et antérieurs du corselet; tête, antennes, jambes et tarses d'un roux clair, sommet de la tête noir; élytres rouges, ayant chacune 6 taches, plus l'écusson noir; ces taches se réunissent parfois et sont très-variables; dernier article des tarses noir, côtés de l'abdomen tachetées de rougeâtre.

Les **Anisosticta** ont à peu près la même forme ovalaire, mais le corps est plus convexe; la tête est enchâssée dans le corselet dont les angles postérieurs forment une dent obtuse; en outre, les lignes arquées en relief existent sur l'abdomen, et les crochets des tarses sont simples. Comme les *Hippodamia*, ces insectes vivent sur les plantes aquatiques. A. *novemdecimpunctata*, 2 1/2 mill., d'un jaune roussâtre, 2 taches sur le sommet de la tête; 6 sur le corselet; et l'écusson et 9 taches sur chaque élytre noires.

Les **Coccinella** ont le corps à peu près hémisphériques, plat en dessous, très-convexe en dessus; leur tête, presque perpendiculaire, est enchâssée dans une large échancrure du corselet, dont les angles postérieurs sont presque droits; les antennes sont courtes; les étytres sont grandes, plus ou moins rebordées, avec les épaules non saillantes; le 1er segment de l'abdomen présente de chaque côté une ligne arquée en relief; les cuisses sont comprimées, ne dépassant pas le bord des élytres, les jambes sont échancrées obliquement en dessus; le 2e article des tarses est court. Ces insectes sont nombreux en espèces dont la détermination est souvent difficile, à cause des variétés infinies que présentent plusieurs d'entr'elles; tous vivent aux dépens des pucerons.

Chez les uns, les élytres sont à peine rebordées. Le corps est noir avec les élytres rouges, tachetées de noir dans les espèces suivantes : *C. bipunctata*, 4 à 5 mill., têtes et corselets noirs, partie antérieure de la tête et côtés du corselet d'un blanc un peu jaunâtre; élytres ayant chacune un gros point noir au milieu en disque; *C. septempunctata*, 5 à 6 mill.; angles antérieurs du corselet d'un blanc jaunâtre; une teinte de même couleur de chaque côté du corselet, élytres ayant chacune, outre l'écusson et une tache subscutellaire, 3 gros points noirs disposés en triangle. Le corps est roussâtre, avec des points noirs chez les : *C. marginepunctata*, 5 mill., entièrement d'un rougeâtre testacé, un peu plus clair sur le corselet, quelques points sur la tête, 9 taches sur le corselet et 7 taches sur chaque élytre, dont 2 sur le bord externe noires. *C. Doublieri*, 3 mill., d'un jaune roussâtre, 6 points noirs sur le corselet, sur chaque élytre 8 taches noires dont plusieurs en forme de linéole angulée; Fr. mér.

Le corps est noir avec des taches jaunes chez les *C. duodecimpustulata*, 4 mill., très-convexe, tête jaune paille, parfois tachée de noir, côtés du corselet et 6 grandes taches sur chaque élytre, dont 2 marginales, d'un jaune paille. *C. quatuordecimpustulata*, 3 1/2 mill., même coloration, mais sur chaque élytre 7 grandes taches, dont 3 marginales.

Le corps est d'un roux foncé, avec des taches pâles chez les espèces suivantes; *C. decemguttata*, 5 mill., tête pâle, corselet mélangé de roux et de pâle, sur chaque élytre 5 grandes taches pâles. *C. duodecim-guttata*, 2 1/2 à 3 mill., d'un roux très-foncé, tête et côtés du corselet pâles, sur chaque élytre 6 taches pâles, dont 2 marginales et une apicale.

Chez les autres, les élytres sont assez largement re-bordées : *C. sexguttata*, 5 mill., fauve, à taches d'un jaune pâle, corselet aplani sur les côtés qui sont d'un jaune pâle, ainsi qu'une bande médiane, élytres large-ment rebordées, ayant chacune 6 taches pâles et le bord externe de même couleur. *C. ocellata*, 7 à 8 mill.,

noire, tête ayant quelques taches jaunes, corselet ayant
les côtés, le bord antérieur et une double tache au
milieu de la base jaune, élytres assez étroitement, mais
nettement marginées, rouges, ayant chacune 8 ou
9 taches et points noirs souvent entourés d'un léger
cercle jaunâtre; la tranche externe est elle-même étroitement noire; au printemps, sur les pins en fleurs. *C.
oblongoguttata,* 5 à 7 mill., même forme, plus largement marginée, dessous d'un brun rougeâtre, dessus
d'un jaune testacé, côtés du corselet d'un jaunâtre pâle,
souvent avec une teinte brunâtre en dedans, élytres
ayant des taches oblongues d'un jaune pâle, devenant
des linéoles étroites au long de la suture et sur les côtés;
comme la précédente au printemps, sur les pins en
fleurs.

Le g. **Micraspis** ne diffère guère des vraies Coccinelles que par la petitesse de l'écusson, qui est à
peine distinct; le dernier article des palpes maxillaires
est en outre cultriforme; les élytres sont indistinctement
marginées, le bord réfléchi n'est pas creusé en gouttière; le prosternum est très-étroit et sépare à peine les
hanches antérieures; les lignes arquées de l'abdomen
ne sont indiquées qu'en dedans et se confondent avec
le bord postérieur du segment. *M. duodecimpunctata,*
2 1/4 mill., très-convexe, d'un jaunâtre pâle, brillant,
tête tachée de noir au milieu, corselet avec 6 points
noirs, sur chaque élytre 8 ou 9 points noirs, les externes se joignant parfois, suture étroitement noire;
commun partout.

B. Antennes insérées sous un rebord du chaperon
formant une lame tranchante, qui entame les
yeux; massue fusiforme.

Les **Chilocorus** sont faciles à reconnaître par la
conformation de leur corselet, qui est presque enchâssé
dans la base des élytres, largement sinuées; les angles
postérieurs sont nuls et s'arrondissent avec le bord
postérieur, qui est même un peu lobé vis-à-vis de l'é-
cusson, petit et enfoncé; les épaules des élytres sont
très-saillantes quoique arrondies, et le bord réfléchi
forme une profonde gouttière, le rebord tranchant de
l'élytre dépassant notablement le plan inférieur du
corps; les lignes saillantes de l'abdomen sont fortement
marquées en dedans, mais se confondent ensuite avec
le bord postérieur du premier segment; les jambes sont
élargies en dehors en un angle obtus formant une petite
dent. Ces insectes sont d'un noir très-luisant, comme
vernissé, et quelquefois ornés de petites taches d'un rouge
obscur. *C. renipustulatus*, 4 mill., arrondi, élytres nettement rebordées, ayant chacune une grande tache d'un
rouge de sang. *C. bipustulatus*, 3 mill., tête rougeâtre,
sur chaque élytre deux taches petite, rougeâtres, obscures, placées l'une à côté de l'autre au milieu. *C. au-
ritus*, 3 1/2 mill., entièrement noir, avec les côtes du
corselet roux; dans cette espèce, les angles postérieurs
du corselet sont un peu marqués, les arcs de l'abdomen
n'atteignent pas le bord du segment et, les jambes ne
sont pas angulées.

II. Corps pubescent.

A. Corps ovalaire.

Les **Epilachna**, quoique ressemblant beaucoup à

certaines coccinelles, se distinguent facilement par la
fine pubescence qui recouvre leur corps ; leur tête est
enchâssée dans le corselet, les yeux presque cachés
sous les angles antérieurs ; les antennes sont courtes et
atteignent à peine le milieu du corselet ; ce dernier est
bien plus étroit que les élytres, court, aplani sur les
côtés qui sont tranchants et un peu relevés, les angles
postérieurs presque arrondis et impressionnés, les
élytres sont grandes, rebordées et ont leur plus grande
largeur au milieu, les lignes arquées de l'abdomen sont
entières, les crochets des tarses sont bifides, la branche
interne dentée à la base. Ces insectes vivent sur diverses espèces de cucurbitacées. *E. argus*, 6 mill.,
ovalaire, un peu atténuée en arrière, d'un fauve testacé,
5 points noirs sur chaque élytre, outre un point subscutellaire ; toute la France, sur la bryone. *E. chrysomelina*,
6 à 7 mill., plus arrondie, d'un fauve plus ou moins
rougeâtre, élytres ayant chacune 6 grandes taches noires,
dont 2 à la base, 2 au milieu, 2 obliques vers l'extrémité ; ces taches sont parfois entourées d'un cercle fauve
clair et souvent confluentes, surtout en arrière ; métasternum et milieu des segments abdominaux noirs ; Fr.
mér., sur la *momordica elaterium*.

Le g. **Lasia** diffère du précédent par une taille
beaucoup plus petite, les élytres plus arrondies et plus
déclives en arrière, ne débordant qu'un peu le corselet ; leur bord réfléchi n'est pas creusé en gouttière,
il est un peu impressionné pour l'extrémité des cuisses ;
enfin les crochets des tarses sont bifides, mais à divisions très-inégales, non ou à peine dentées à la base.
Dans ce genre, comme dans les *Epilachna*, les man-

dibules sont cernées de fortes dents et ces insectes, au lieu de dévorer les pucerons, semblent phytophages. *L. globosa,* 3 à 4 mill., un peu ovalaire, très-convexe, d'un testacé rougeâtre, une tache noire au milieu du corselet, sur chaque élytre 11 ou 12 points noirs, souvent confluents, dessous noir, sauf l'extrémité de l'abdomen ; toute la France, sur la vesce, la saponaire, etc. ; fait quelquefois des dégâts sur la luzerne.

Le g. **Cynegetis** est plus arrondi que les précédents, les élytres sont à peine plus larges que le corselet, le dernier article des palpes maxillaires est seulement un peu plus large que le précédent et tronqué très-obliquement, les élytres ne recouvrent pas d'ailes; leur bord réfléchi, non creusé en gouttière, est largement impressionné pour l'extrémité des cuisses, les crochets des tarses sont seulement élargis à la base en une dent triangulaire. *C. impunctata*, 3 mill., entièrement rousse avec une tache noire au milieu du corselet, élytres finement ponctuées.

Le g. **Platynaspis** s'éloigne des genres précédents par les élytres aussi larges que le corselet et les yeux oblongs, presque parallèles; le corps, assez convexe, est couvert d'une pubescence fine, grisâtre, serrée, comme chez les *Scymnus;* la tête est large, les joues forment une lame tranchante qui coupe les yeux, le corselet est large et court, les élytres sont brusquement arrondies à l'extrémité, presque tronquées; le bord réfléchi est marqué de fossettes ; les lignes arquées de l'abdomen sont marquées en dedans; les jambes sont larges, arquées en dehors. *P. villosa,* 2 1/3 mill., noire, avec la tête, les côtes du corselet et les pattes d'un roux testacé, élytres ayant chacune au milieu une grande tache ronde d'un testacé rougeâtre et une plus petite derrière; élytres densément et finement, mais bien nettement ponctuées.

Les **Scymnus** sont de petits insectes au corps brièvement ovalaire, très-convexe, revêtu d'une pubescence cendrée ou grisâtre, fine, mais serrée et très-visible, leur ponctuation est excessivement fine, leur tête est large avec des yeux presque triangulaires, peu convexes, les antennes, insérées à découvert, n'atteignent pas le bord postérieur du corselet et paraissent souvent n'avoir que 10 articles, les 2 premiers étant presque soudés, les 4 ou 5 derniers formant peu à peu une massue oblongue ovalaire, le corselet est aussi large que les élytres, ces dernières sont brusquement arrondies à l'extrémité et ont le bord réfléchi largement impressionné pour les cuisses postérieures, le prosternum est assez large, les lignes arquées de l'abdomen sont variables. Ces insectes sont nombreux et font aussi la guerre aux pucerons; si beaucoup se trouvent sur les feuilles, les fleurs, les arbres, quelques-uns se rencontrent dans les débris végétaux. Leur coloration est peu variée et assez sombre, généralement noire, parfois ornée de taches jaunes ou rouges. S. *quadrilunulatus*, 2 mill., ovalaire, à fine pubescence fauve, élytres finement ponctuées, ayant chacune deux taches grandes, souvent confluentes, d'un testacé rougeâtre; la postérieure un peu transversale, ressemble en petit au *Platynaspis villosa*. S. *frontalis*, 2 mill., en ovale court, noir, à fine pubescence fauve, tête testacée chez les mâles, élytres ayant chacune 2 grandes taches rouges arrondies. *S. Apetzii*, même taille, un peu plus large, noir, ponctué, sur chaque élytre une tache ronde, rouge avant le milieu de chaque élytre. *S. nigrinus*, 2 mill., tout noir, pubescent, pattes testacées; sur les pins. *S. hæmorrhoïdalis*, 2 mill., brièvement ovalaire, noire, tête, côtés et devant du corselet, pattes et extrémité des élytres d'un roux testacé. *S. arcuatus*, 1 1/4 mill., très-brièvement ovalaire, brun, brillant, tête et côtés du corselet roux, élytres ayant, avant le milieu, une tache commune d'un brun noirâtre, arrondie, entourée d'un anneau roux, côtés des élytres plus foncés; sur les pins. *S. minimus*, 1 mill., très-brièvement ovalaire, très-convexe, très-ponctué, mais finement, entièrement noir, jambes roussâtres; sur les pins.

Le g. **Rhizobius** rappelle, pour la forme, le g. *Cynegetis*; le corps est assez brièvement ovalaire, convexe, assez grossement ponctué, avec une pubescence assez longue, médiocrement serrée ; les antennes, insérées à découvert, atteignent la base du corselet, leurs deux premiers articles sont distincts, les trois derniers forment peu à peu une massue oblongue, le dernier est acuminé ; les élytres, aussi larges que le corselet, ont leur plus grande largeur au milieu et se rétrécissent peu à peu en arrière, leur bord réfléchi n'a pas d'impressions pour les cuisses; les pattes sont assez grandes, dépassant un peu le bord des élytres; les rares espèces de ce genre vivent sur les pins. *R. litura*, 2 à 3 mill., d'un testacé brillant tantôt unicolore, tantôt ayant une teinte brunâtre sur le corselet et sur le disque des élytres, quelquefois une ligne arquée ou une linéole brune au milieu des élytres; ces dernières très-ponctuées ; corselet plus finement ponctué ; poitrine noirâtre. *R. discimacula*, même taille, mais forme plus étroite, élytres ponctuées de même, ayant chacune le disque obscur ; Fr. mér.

B. Corps oblong.

Les **Coccidula** forment presque une anomalie dans la famille des Coccinellides par leur corps peu convexe, oblong, presque parallèle et leurs élytres striées ponctuées ; la tête est en museau obtus, les yeux sont grands, les antennes dépassent le bord postérieur du corselet, les trois derniers articles formant une massue peu serrée, dentée d'un côté ; le corselet est plus étroit que les élytres, les angles antérieurs ne sont pas saillants, les élytres sont oblongues, s'élargissant insensiblement jusqu'aux 2/3 postérieurs ; elles présentent des lignes ponctuées formant de faibles stries ; le prosternum est assez large, sillonné ; les lignes arquées de l'abdomen sont très-peu développées, les pattes sont assez grandes et dépassent notablement les élytres ; les crochets des tarses sont bifides. Ces insectes vivent sur les plantes aquatiques, où ils font aussi la chasse aux pucerons ; on les trouve souvent dans les détritus végétaux, au bord des marais. *C. scutellata*, 3 mill., oblongue, d'un testacé rougeâtre, élytres ayant une large tache scutellaire, une tache marginale et une dorsale tout près de la suture, noire ; poitrine noire ; corselet court, arrondi sur les côtés, finement ponctué ; élytres finement ponctuées, avec quelques lignes formant de légères stries, surtout vers la suture. *C. rufa*, 3 mill., entièrement rouge avec la poitrine et le milieu de l'abdomen noirs; corselet plus large, plus convexe, plus ponctué, élytres plus finement ponctuées et à lignes plus légèrement marquées.

On peut classer, à la suite des Coccinellides, à raison de leurs tarses à 3 articles, le groupe des **Lathridius**, qui pourtant serait mieux placé près la famille des Cryptophagides. Ce sont des insectes de très-petite taille, au corps oblong, parfois assez convexe, aux élytres percées de séries de gros points et offrant souvent des côtes très-saillantes ou des nodosités; la tête est assez grosse; les antennes assez grêles, ont le 1er article gros et les 3 derniers formant une massue allongée; le corselet est presque carré ou cordiforme, rebordé sur les côtés; les tarses sont étroits et composés seulement de 3 articles. Ces petits insectes se trouvent dans les débris végétaux et souvent dans les productions cryptogamiques, les vieux bois, etc.; on en rencontre fréquemment dans les celliers et les caves, vivant en compagnie d'autres petits insectes fungicoles, sur les moisissures qui recouvrent les tonneaux et les poutres. *L. angusticollis*, 2 mill., oblong, convexe, d'un brun rougeâtre assez brillant, antennes et pattes fauves, corselet rétréci en arrière, ondulé sur les côtés, caréné sur le dos, élytres ovalaires, ayant plusieurs fortes côtes. *L. exilis*, presque de moitié plus petit, roux avec les élytres parfois brunâtres, à séries de grandes fossettes, sans carènes saillantes; corselet très-ponctué, sans côtes; ces deux insectes sont communs partout, surtout dans les habitations.

TABLE

TABLE   287

TABLE 289

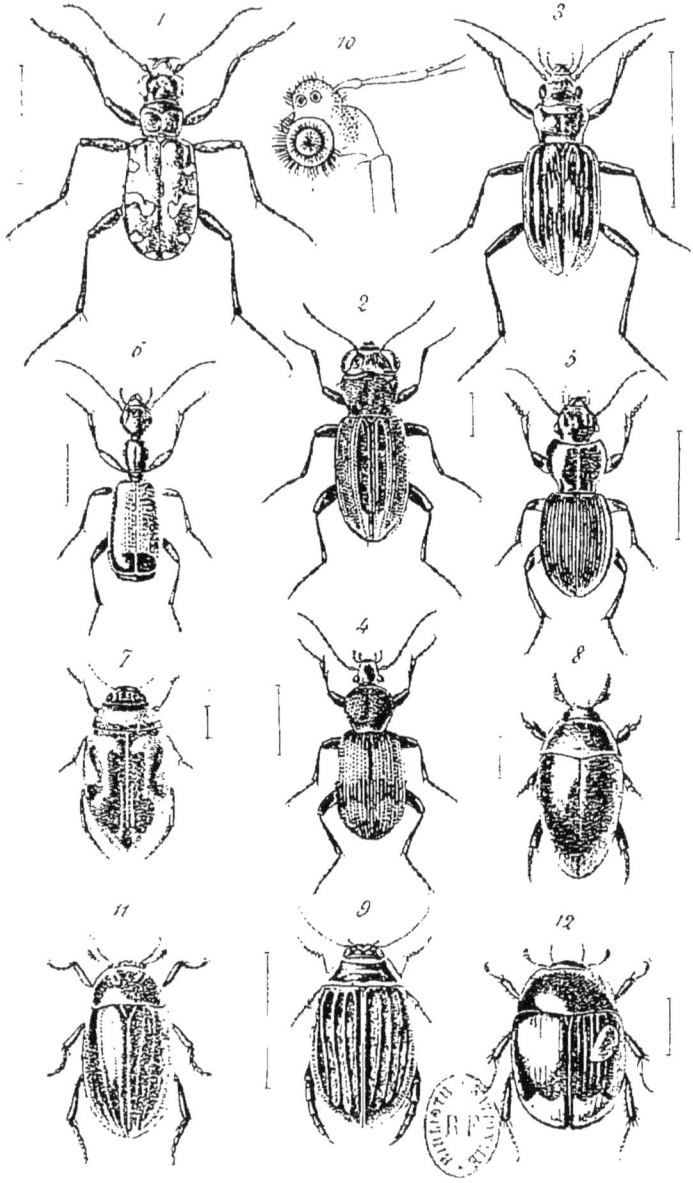

EXPLICATION DES PLANCHES

PLANCHE I

---

1. Cicindela sylvicola.

2. Notiophilus semipunctatus.

3. Nebria complanata.

4. Panagæus crux-major.

5. Feronia terricola.

6. Odacantha melanura.

7. Hydroporus inæqualis.

8. Noterus lævis.

9. Acilius sulcatus.

10. Dytiscus mâle; tarse antérieur.

11. Hydrous caraboides.

12. Sphæridium scarabæoides.

PLANCHE II

1. Necrophorus vestigator.

2. Liodes humeralis.

3. Choleva angustata.

4. Pselaphus Heisei.

5. Claviger testaceus.

6. Staphylinus maxillosus.

7. Oxyporus rufus.

8. Pæderus caligatus.

9. Hister sinuatus.

10. Dendrophilus pygmæus.

11. Scaphidium 4-maculatum.

12. Bitoma crenata.

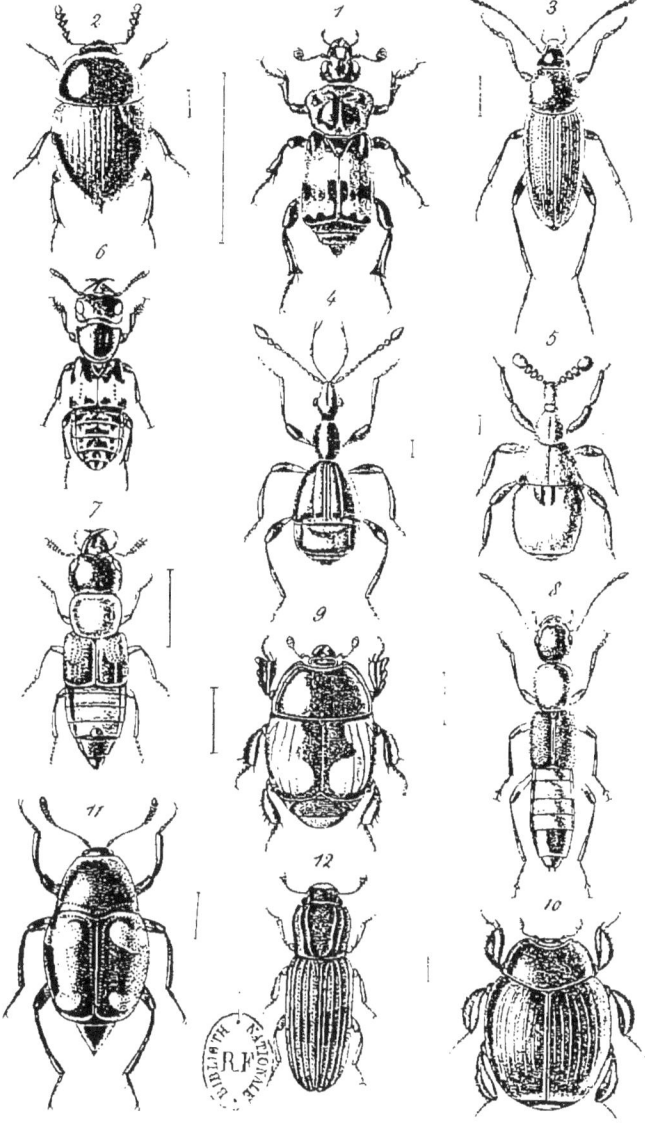

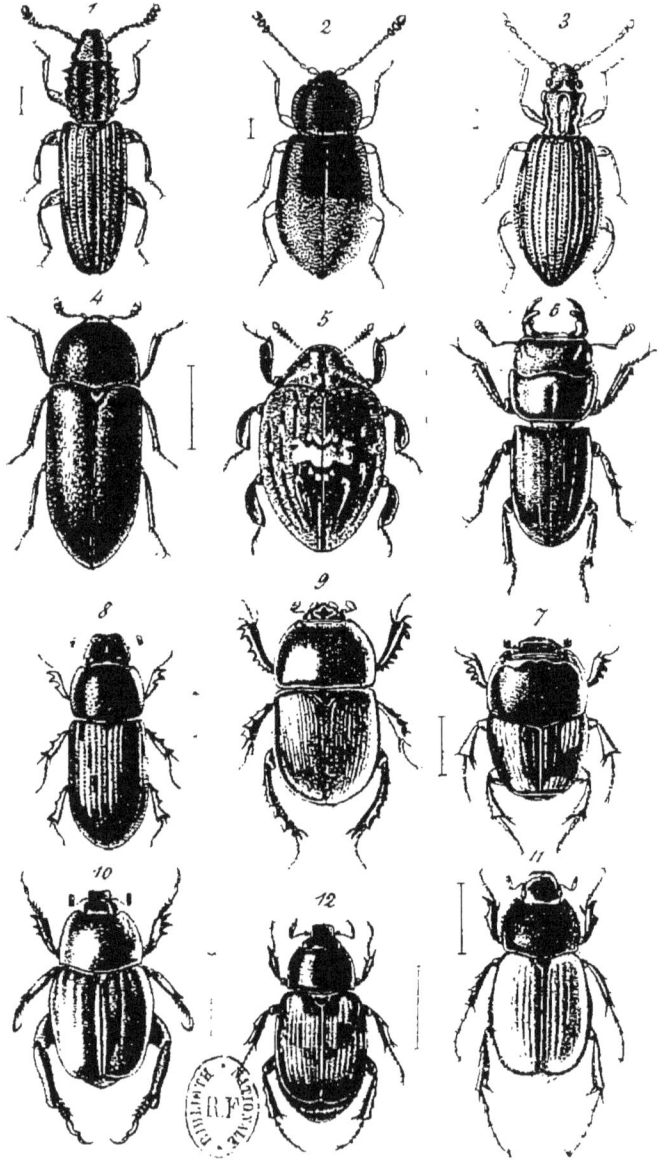

PLANCHE III

1. Silvanus frumentarius.

2. Atomaria mesomelas.

3. Lathridius angusticollis.

4. Dermetes vulpinus.

5. Byrrhus dorsalis.

6. Dorcus parallelepipedus.

7. Onthophagus Schreberi.

8. Aphodius conspurcatus.

9. Geotrupes mutator.

10. Hoplia cærulea.

11. Homaloplia ruricola.

12. Anisoplia campestris.

PLANCHE IV

1. Osmoderma eremita.

2. Valgus hemipterus.

3. Ptosima 9-maculata.

4. Agrilus undatus.

5. Aphanisticus emarginatus.

6. Lacon murinus.

7. Corymbites cruciatus.

8. Lampyris noctiluca ♀.

9. Thanasimus formicarius.

10. Lymexylon navale.

11. Anobium pertinax.

12. Apate sexdentata.

Faune Française. PL. IV.

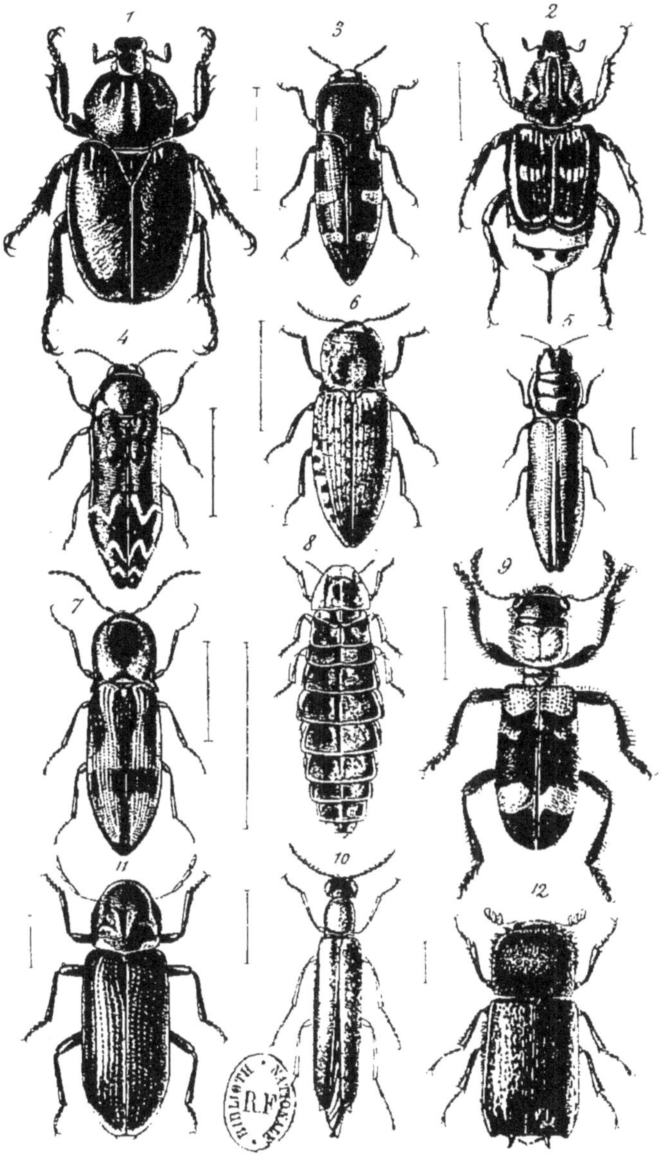

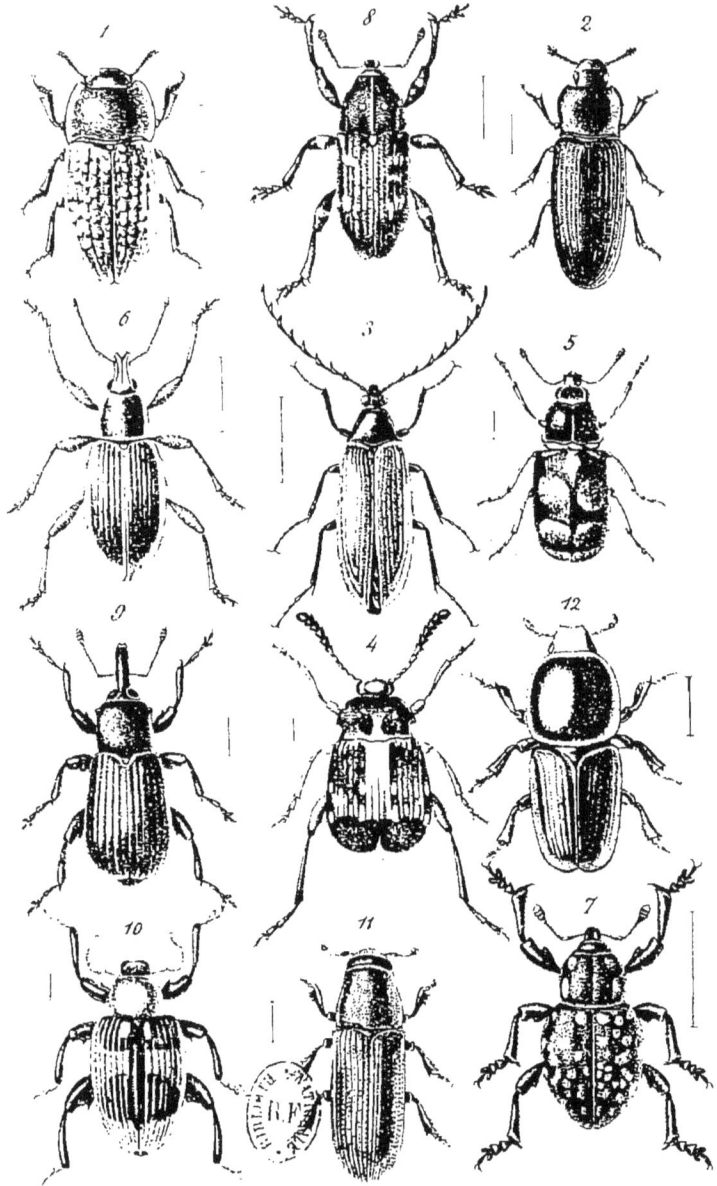

PLANCHE V

1. Opatrum sabulosum.

2. Tribolium ferrugineum.

3. Cistela ceramboides.

4. Bruchus nubilus.

5. Chlorophanus pollinosus.

6. Pissodes notatus.

7. Tropideres undulatus.

8. Scolytus Ratzeburgii.

9. Magdalinus aterrimus.

10. Hylurgus piniperda.

11. Orchestes alni.

12. Molytes germanus.

PLANCHE VI

1. Callidium sanguineum.

2. Clytus detritus.

3. Stenopterus rufus.

4. Saperda populnea.

5. Donacia reticulata.

6. Lina 20-punctata.

7. Cassida murræa.

8. Hispa testacea.

9. Coccidula scutellata.

10. Coccinella 14-pustulata.

11. Triplax bipustulata.

Typ. Oberthur et fils, à Rennes. — Maison à Paris, rue des Blancs-Manteaux, 35.

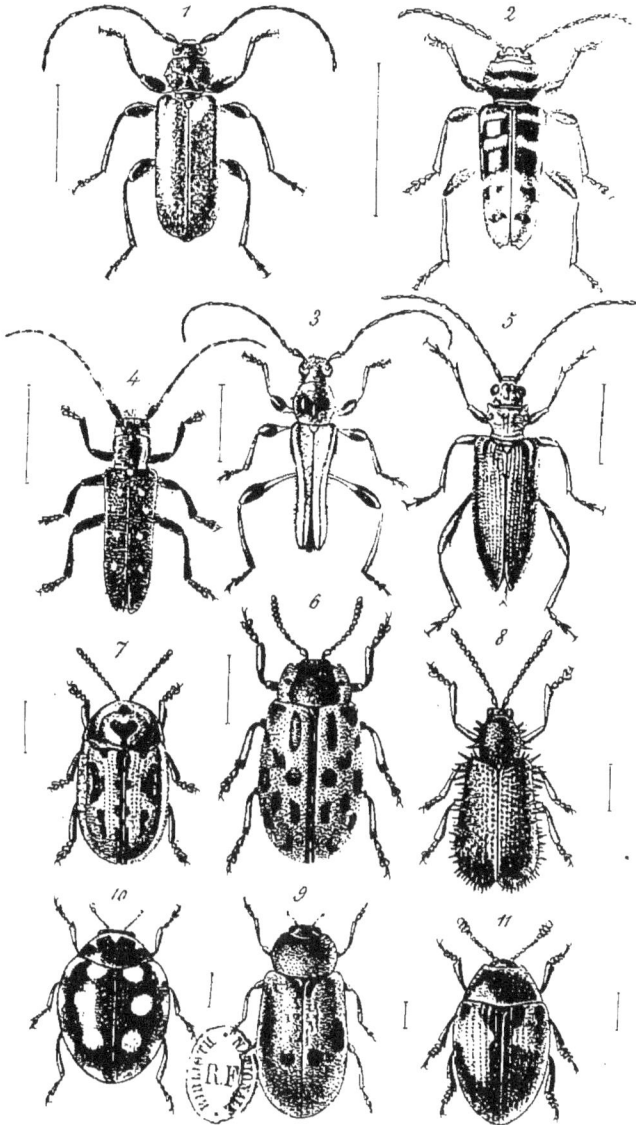

www.ingramcontent.com/pod-product-compliance
Lightning Source LLC
Chambersburg PA
CBHW060422200326
41518CB00009B/1447